志田瞳
经典编织花样

250例

Knitting Patterns Book 250

（日）志田瞳　著
王翙嬛　译

河南科学技术出版社

·郑州·

前　言

承蒙读者的厚爱与支持，每年出版一册的《针织女装》，迄今已经迎来了第十个年头。

曾有人向我建议：何不编辑一本《花样图解集》？这是我从未想过的美妙之事。此次，我以之前出版的《针织女装》中的花样为主，加上自己新创作的花样以及一些边饰花样，便产生了这本《志田瞳经典编织花样250例》。

在编辑此书的过程中，回顾多年的工作经历，我深深地感到，这是一个能够让我重新思考如何做出更有特色的花样编织的绝好机会。

由一根简单的毛线编织成为一个个美丽的花形，是传统向现代的过渡，更是许许多多手工爱好者竭尽全力创作的结晶。在常见的花样中对某一连接处稍作改变，或是融入少许奇思妙想，编织出的花形就会呈现出完全不同的美妙。

在此过程中我深深地体会到：只要深入研究，每一个花形都会带给我异样的惊喜。

正如一幅好的绘画作品需要一个适合它的画框一样，一件针织作品也会因为不同的花边而给人不一样的印象。多年来，我一直努力创作出一些极富特色的花边，由此本书中加入了"边饰图例"部分。

本书中有一部分组合花样附带了两种织法详解，希望能够使您的手工编织过程变得更为丰富，更充满乐趣。

通过此书，能够将一个个在我手中诞生的花样传递到各位读者的手中，我深感荣幸。我坚信自己能够以"再次从零出发"的心情，投入到日后的每一次新的创作中。

感谢各位老师和朋友，是他们教我认识到编织艺术的快乐和博大，使我对自己从事的这份工作感到无比的幸福。

最后，感谢从《针织女装》到本书的编辑出版过程中付出艰辛劳动的各位朋友，感谢为我制作织法详解的各位同仁，正是有了各位老师、朋友的帮助，本书才得以出版。在此，我由衷地向你们道一声辛苦，并再次表示衷心的感谢！

志田瞳

目　录

镂空花样　　　　　　　　　　　　4

暗花花样　　　　　　　　　　　　46

组合花样　　　　　　　　　　　　62

交叉花样　　　　　　　　　　　　76

镶嵌花样　　　　　　　　　　　　98

边饰图例　　　　　　　　　　　　114

编织针法符号详解　　　　　　　　123

镂空花样

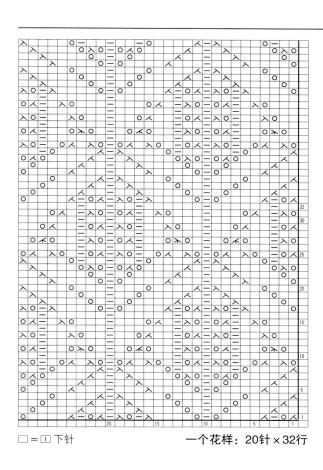

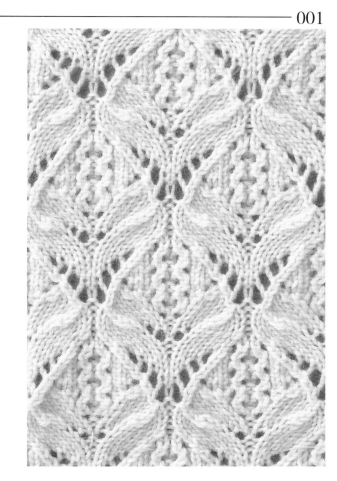

□ = ① 下针　　　一个花样：20针×32行

□ = ⊟ 上针　　　一个花样：20针×48行

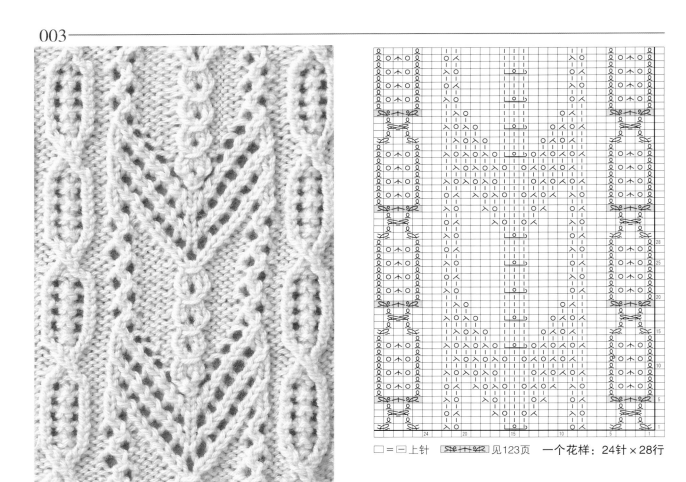

□ =─ 上针　　　　见123页　　一个花样：24针×28行

004

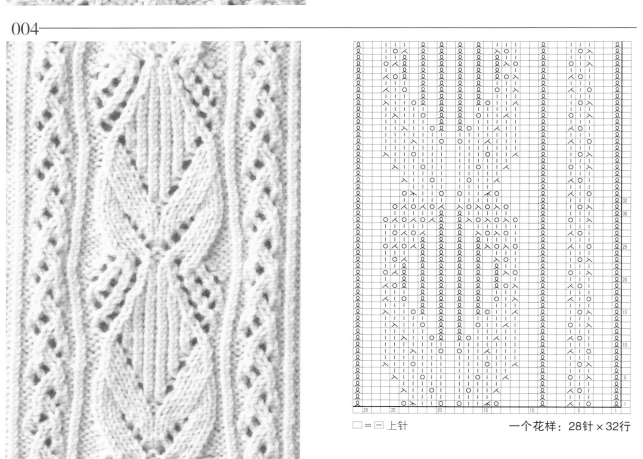

□ =─ 上针　　　　　　　一个花样：28针×32行

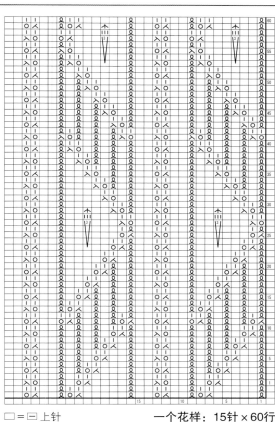

□ = ⊟ 上针　　　　　一个花样：15针 × 60行

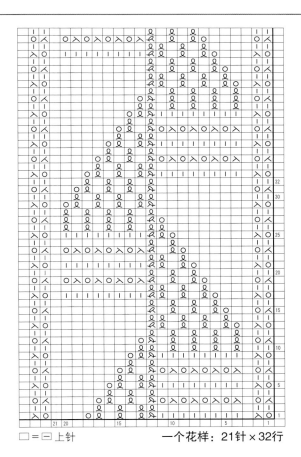

□ = ⊟ 上针　　　　　一个花样：21针 × 32行

镂空花样

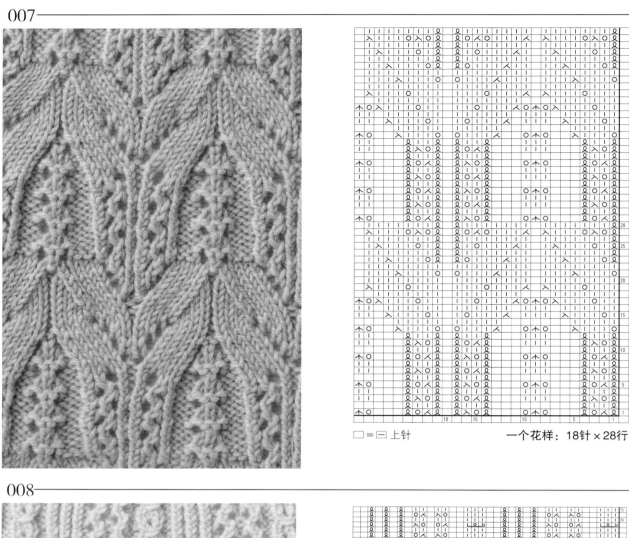

□ = ⊟ 上针　　　　　　一个花样：18针×28行

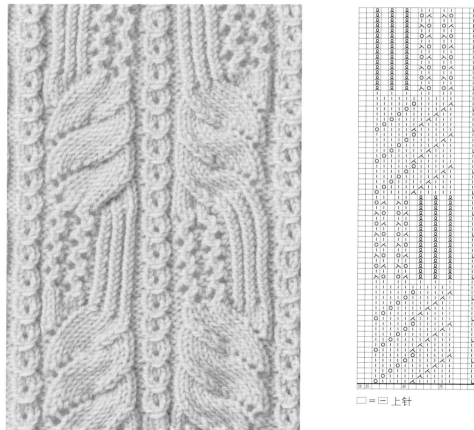

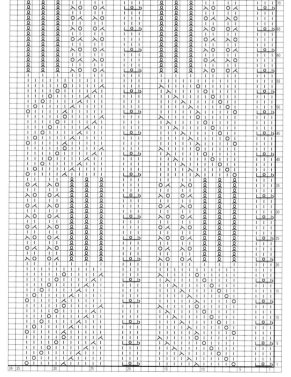

□ = ⊟ 上针　　　　　　一个花样：36针×72行

镂空花样

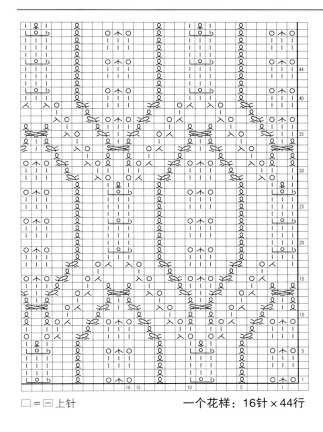

□ = ⊟ 上针　　　一个花样：16针 × 44行

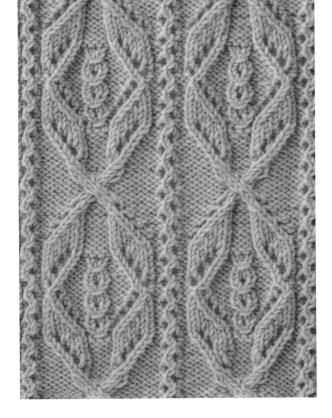

□ = ⊟ 上针

4行一个花样
一个花样：21针 × 38行

镂空花样

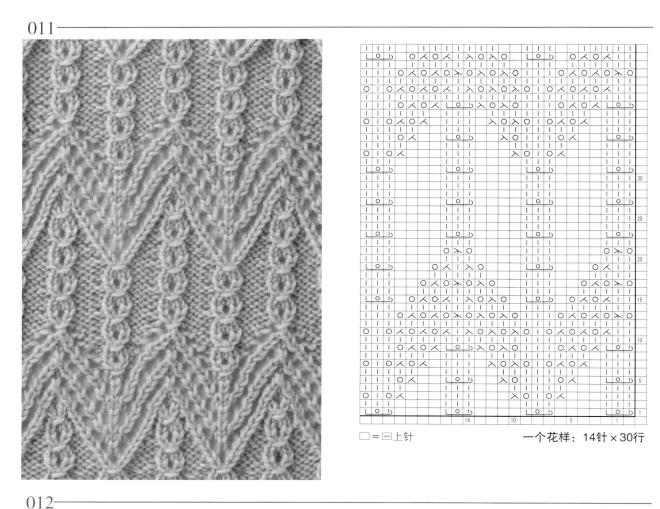

□ = □ 上针　　　　　一个花样：14针 × 30行

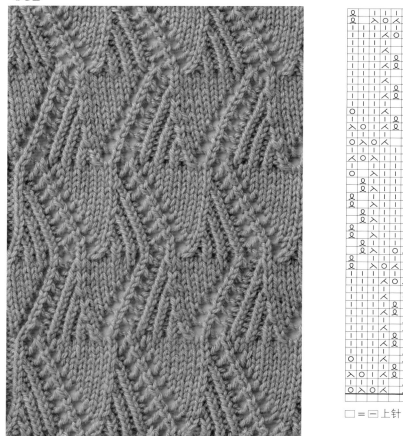
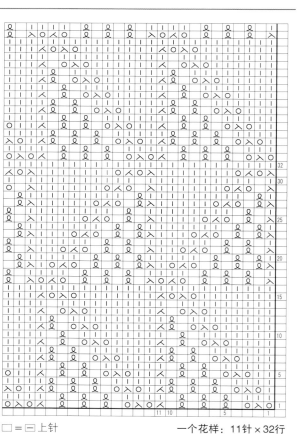

□ = □ 上针　　　　　一个花样：11针 × 32行

镂空花样

10

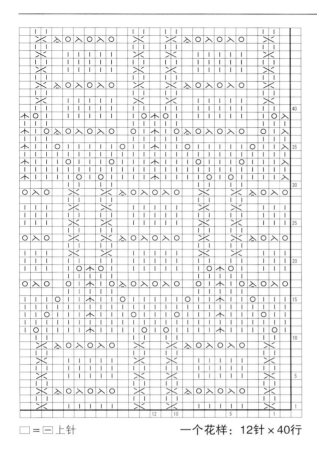

□ = □ 上针　　　　　　　　一个花样：12针×40行

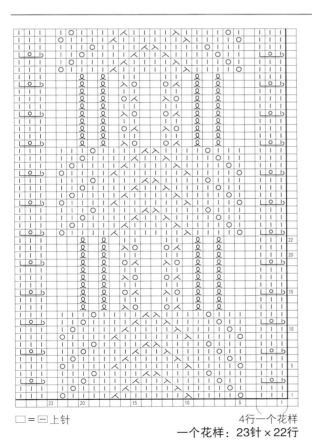

□ = □ 上针　　　　　　　　4行一个花样
一个花样：23针×22行

镂空花样

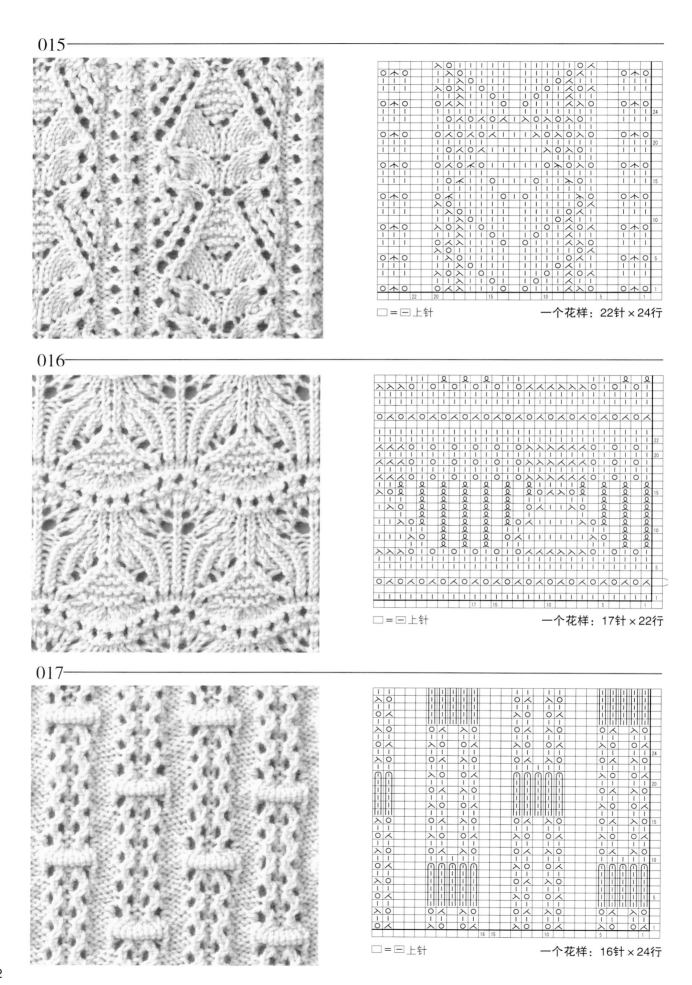

015

□ = 📄 上针　　　　　一个花样：22针 × 24行

016

□ = 📄 上针　　　　　一个花样：17针 × 22行

017

□ = 📄 上针　　　　　一个花样：16针 × 24行

镂空花样

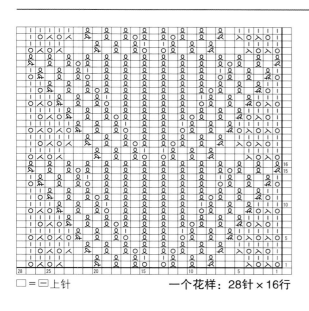

□ = □ 上针　　　　　　一个花样：28针 × 16行

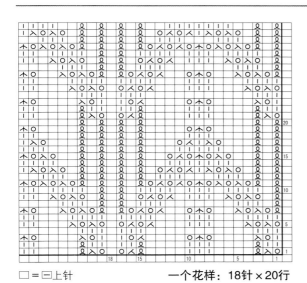

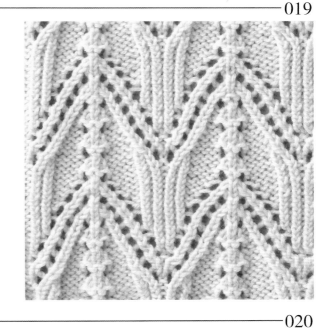

□ = □ 上针　　　　　　一个花样：18针 × 20行

镂空花样

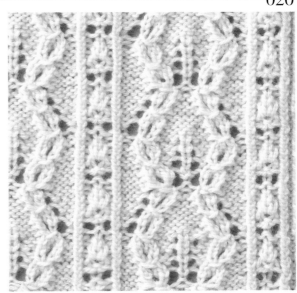

□ = □ 上针　　见125页
一个花样：22针 × 16行

021

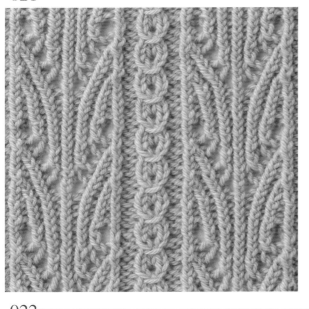

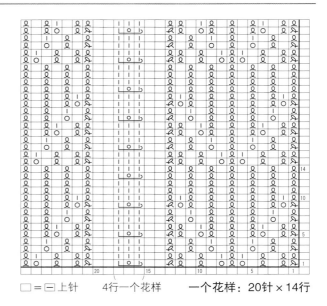

□ = ⊟ 上针　　4行一个花样　　一个花样：20针×14行

022

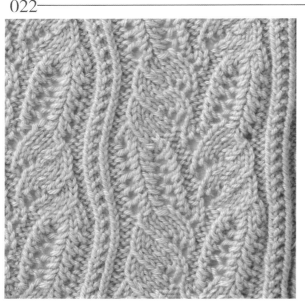

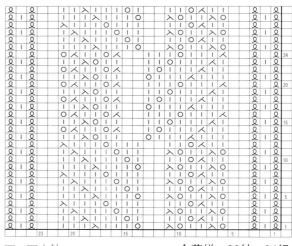

□ = ⊟ 上针　　　　　　　一个花样：23针×24行

镂空花样

023

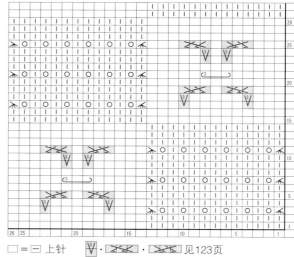

□ = ⊟ 上针　　⊻・≫≪・≫≪ 见123页
　　　　　　　　　　　一个花样：26针×28行

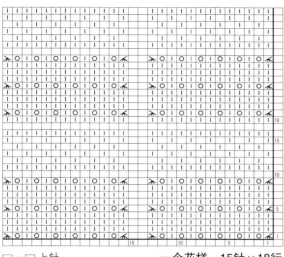

□ = − 上针　　　　　一个花样：15针 × 18行

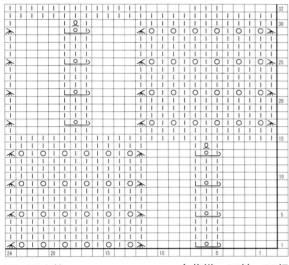

□ = − 上针　　　　　一个花样：24针 × 32行

镂空花样

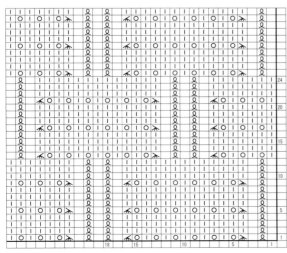

□ = − 上针　　　　　一个花样：18针 × 24行

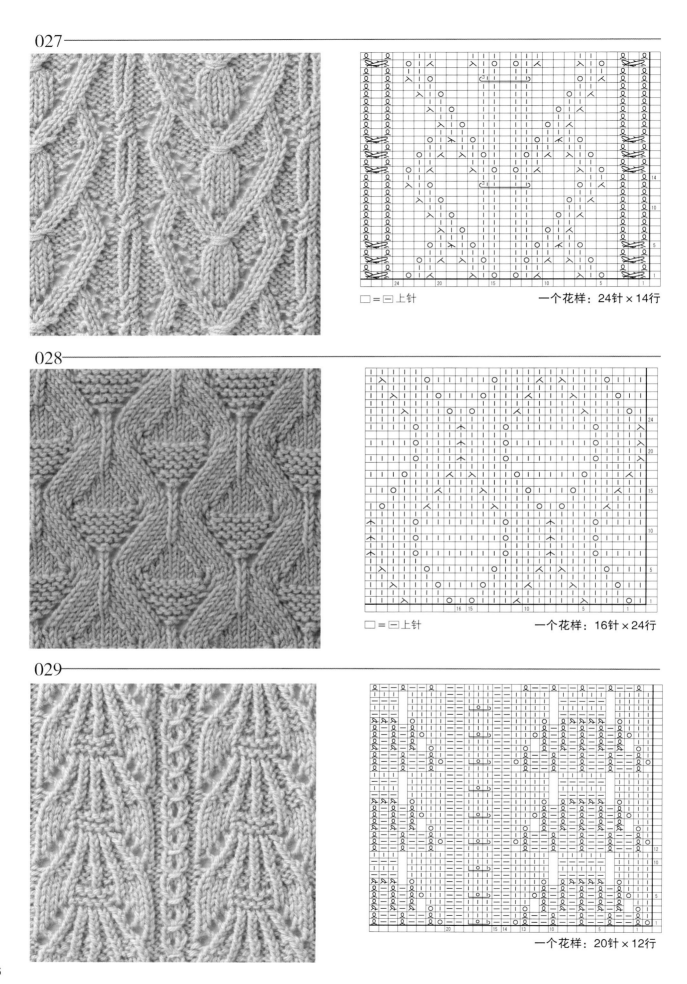

027

□ = 〓 上针　　　　　　　一个花样：24针×14行

028

□ = 〓 上针　　　　　　　一个花样：16针×24行

029

一个花样：20针×12行

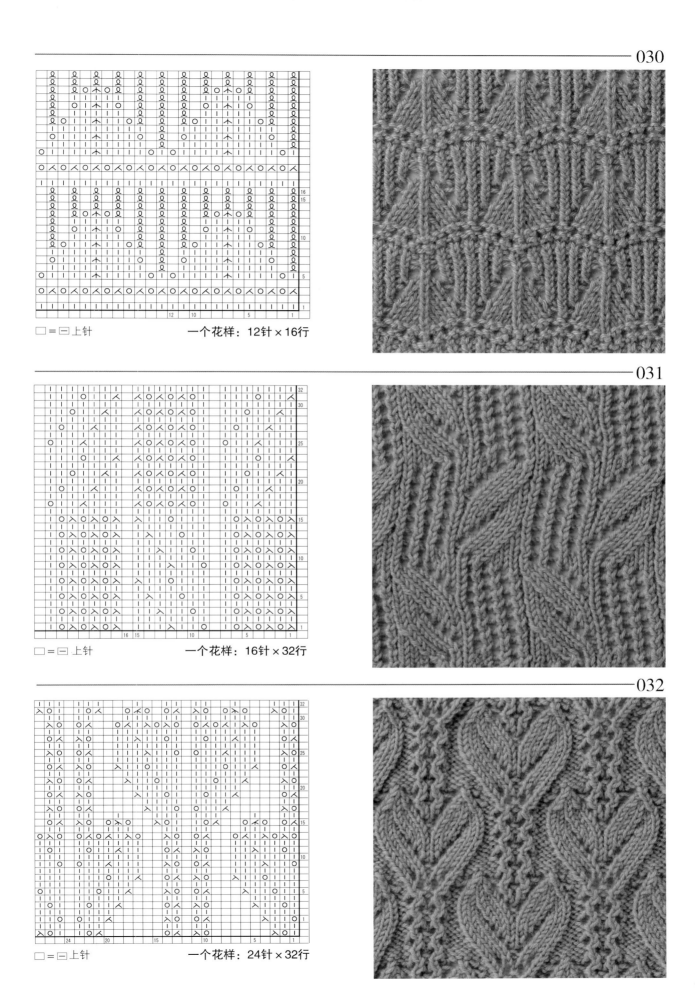

□ = □ 上针　　　　　　　　一个花样：12针×16行

□ = □ 上针　　　　　　　　一个花样：16针×32行

□ = □ 上针　　　　　　　　一个花样：24针×32行

镂空花样

17

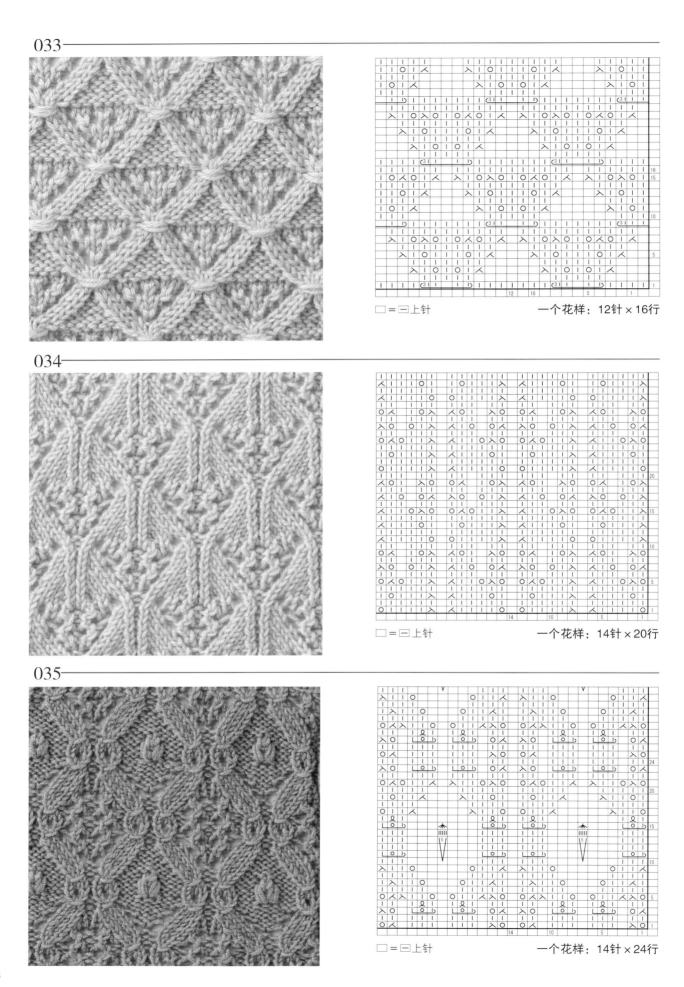

033

□ = □ 上针　　　　一个花样：12针 × 16行

034

□ = □ 上针　　　　一个花样：14针 × 20行

035

□ = □ 上针　　　　一个花样：14针 × 24行

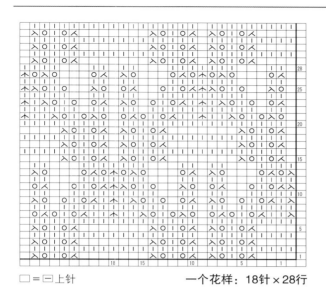

□=□上针   一个花样：18针×28行

□=□上针   一个花样：29针×16行

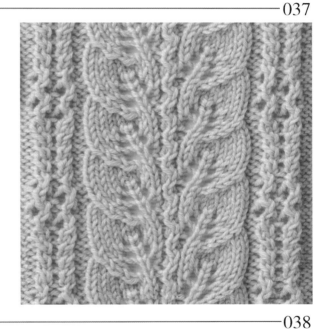

8行一个花样

□=□上针   一个花样：30针×10行

镂空花样

19

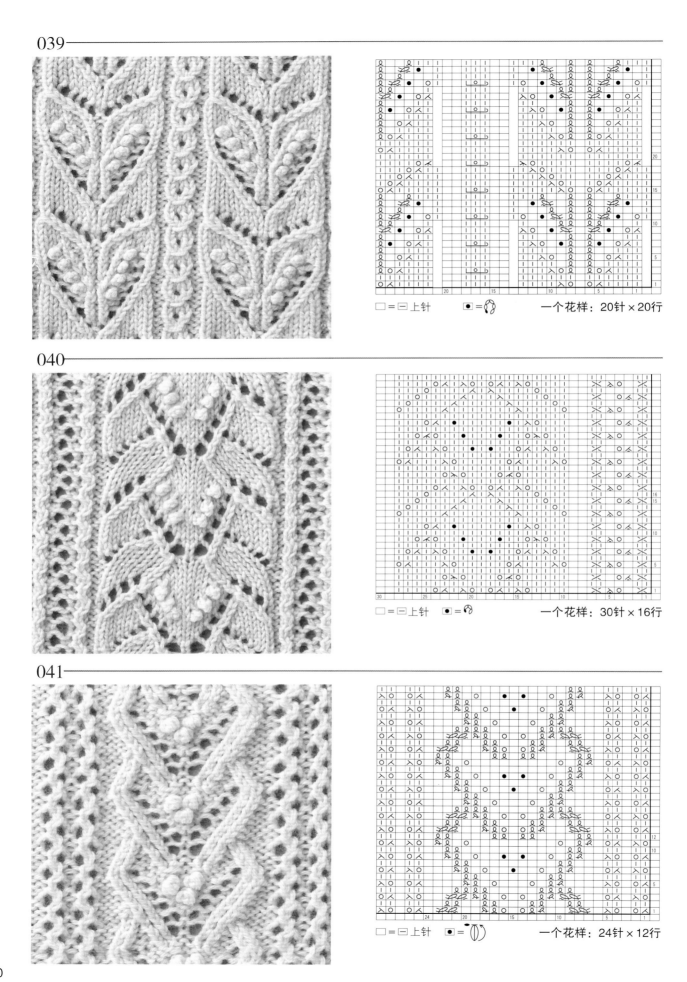

039

□ = ⊟ 上针　　●＝❨❩　　一个花样：20针×20行

040

□ = ⊟ 上针　　●＝❨❩　　一个花样：30针×16行

041

□ = ⊟ 上针　　●＝❨❩　　一个花样：24针×12行

镂空花样（含泡泡针）

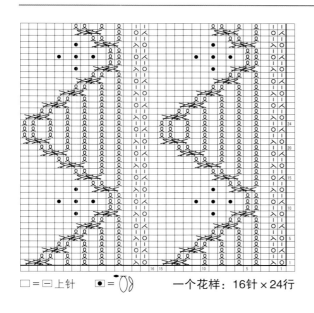

□ = □ 上针　● = ⌒ 　　　一个花样：16针 × 24行

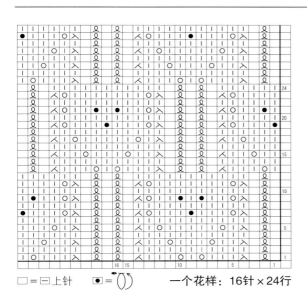

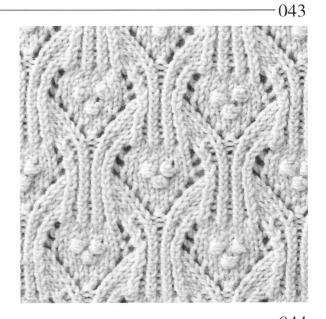

□ = □ 上针　● = ⌒ 　　　一个花样：16针 × 24行

镂空花样（含泡泡针）

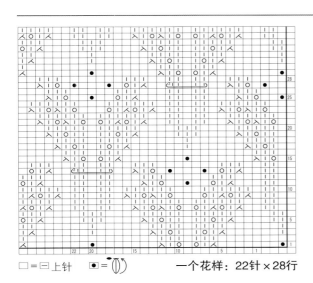

□ = □ 上针　● = ⌒ 　　　一个花样：22针 × 28行

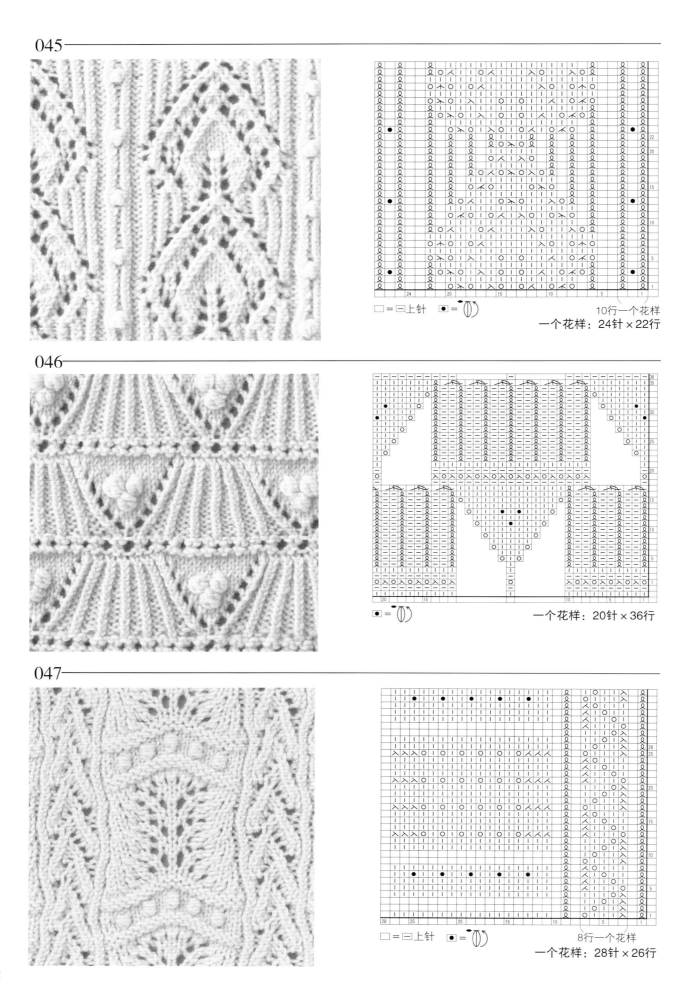

045

□ = □ = 上针　　　● = (ꟼ)　　　10行一个花样
一个花样：24针×22行

046

● = (ꟼ)　　　一个花样：20针×36行

047

□ = □ = 上针　　　● = (ꟼ)　　　8行一个花样
一个花样：28针×26行

镂空花样（含泡泡针）

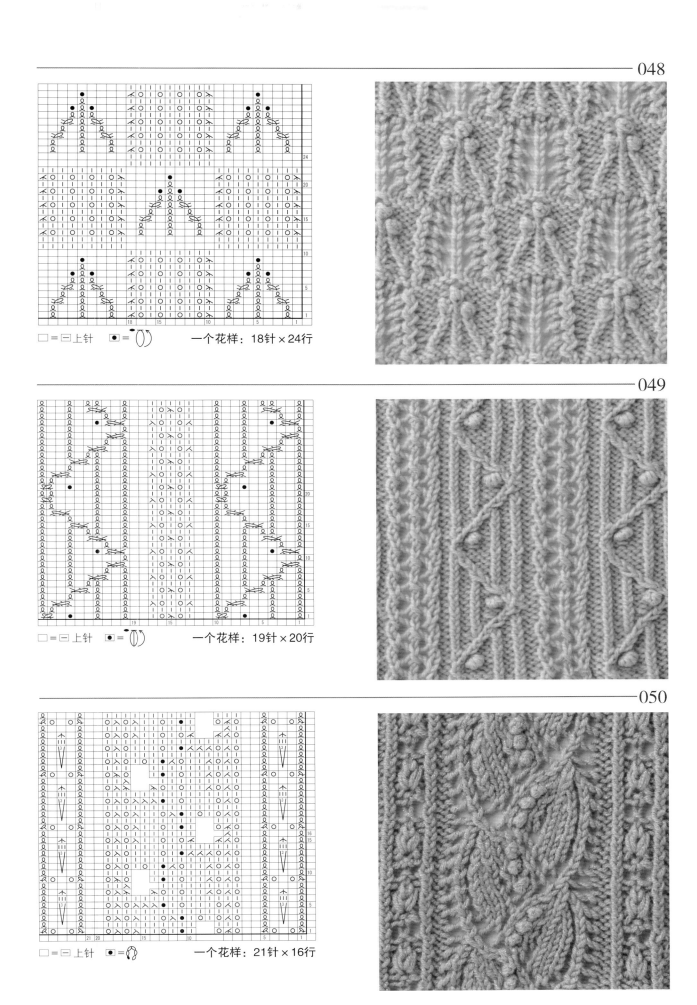

□ = — 上针　●＝　　　　一个花样：18针 × 24行

□ = — 上针　●＝　　　　一个花样：19针 × 20行

□ = — 上针　●＝　　　　一个花样：21针 × 16行

镂空花样（含泡泡针）

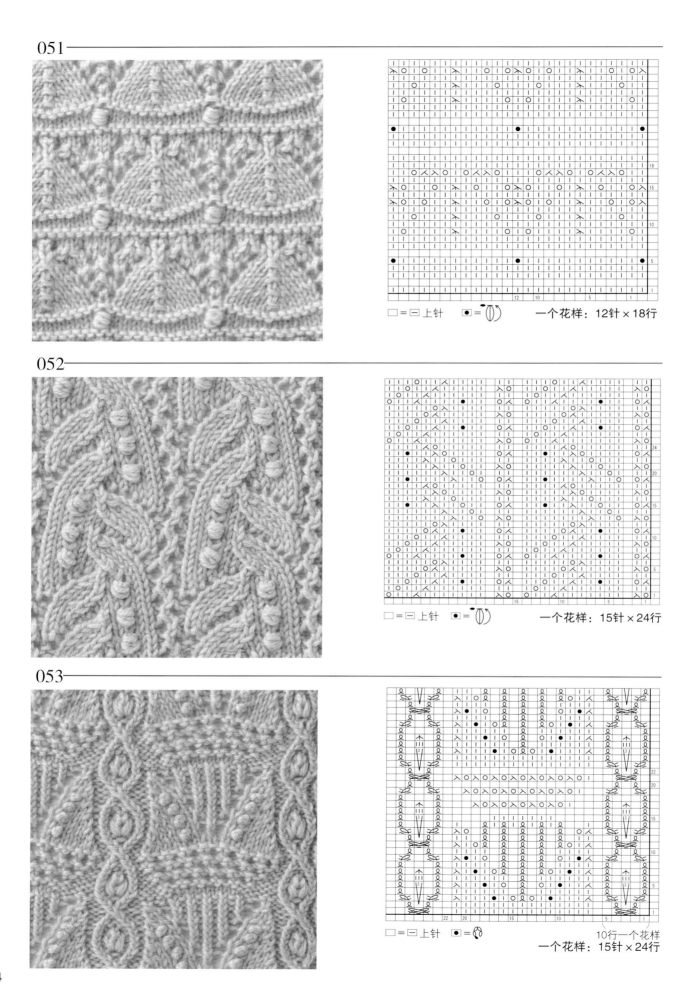

051

052

053

□ = 一 上针　　　◉ = ↑ 　　　一个花样：12针 × 18行

□ = 一 上针　　　◉ = ↑ 　　　一个花样：15针 × 24行

□ = 一 上针　　　◉ = ⌾ 　　　10行一个花样
　　　　　　　　　　　　　　　一个花样：15针 × 24行

镂空花样（含泡泡针）

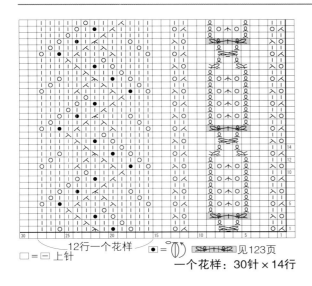

12行一个花样

□ = 上针　●＝ 见123页

一个花样：30针×14行

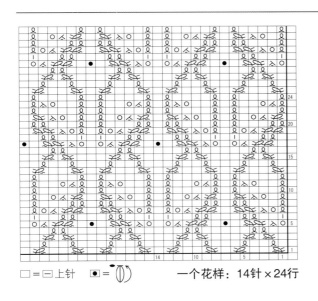

□ = 上针　●＝ 　　　一个花样：14针×24行

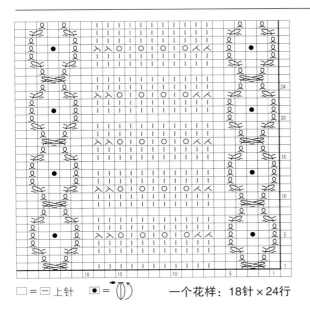

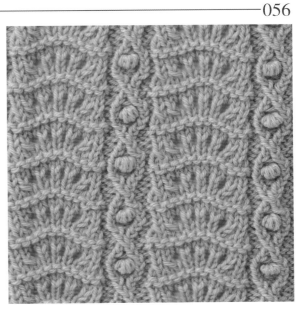

□ = 上针　●＝ 　　　一个花样：18针×24行

镂空花样（含泡泡针）

25

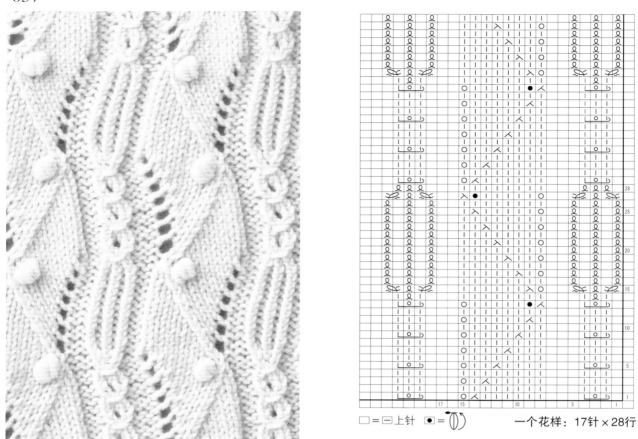

□ = ⊟ 上针　●= 〇)　　　　　　　一个花样：17针×28行

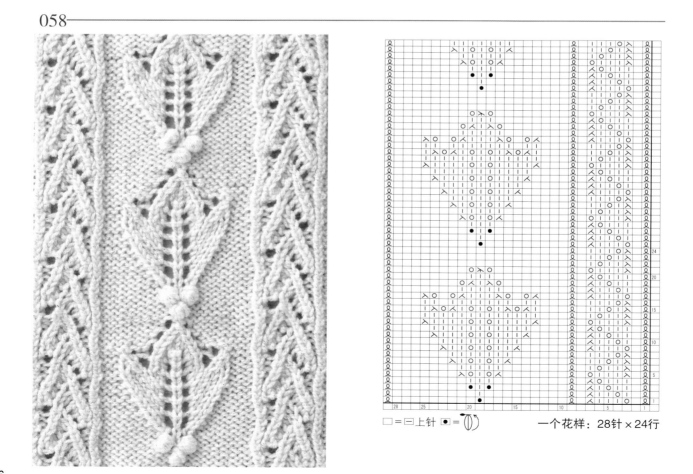

□ = ⊟ 上针　●= 〇)　　　　　　　一个花样：28针×24行

镂空花样（含泡泡针）

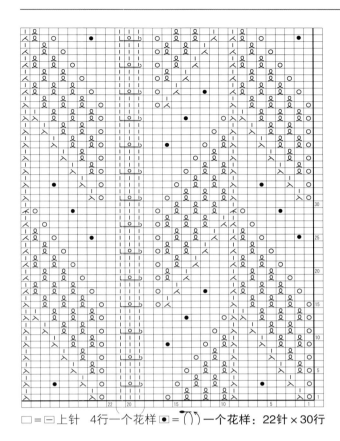

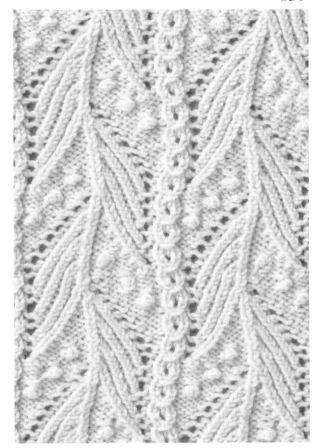

□ = □ 上针　4行一个花样 ● = ⌒ 一个花样：22针×30行

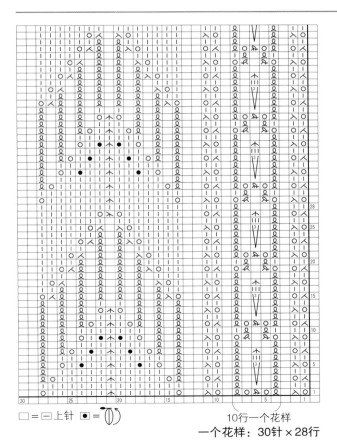

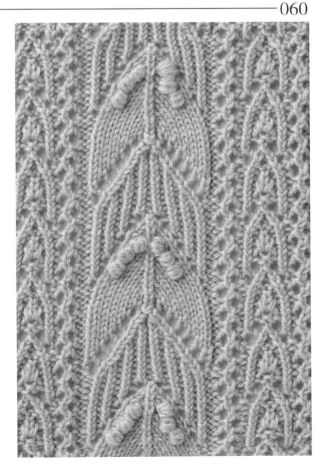

□ = □ 上针　● = ⌒

10行一个花样

一个花样：30针×28行

镂空花样（含泡泡针）

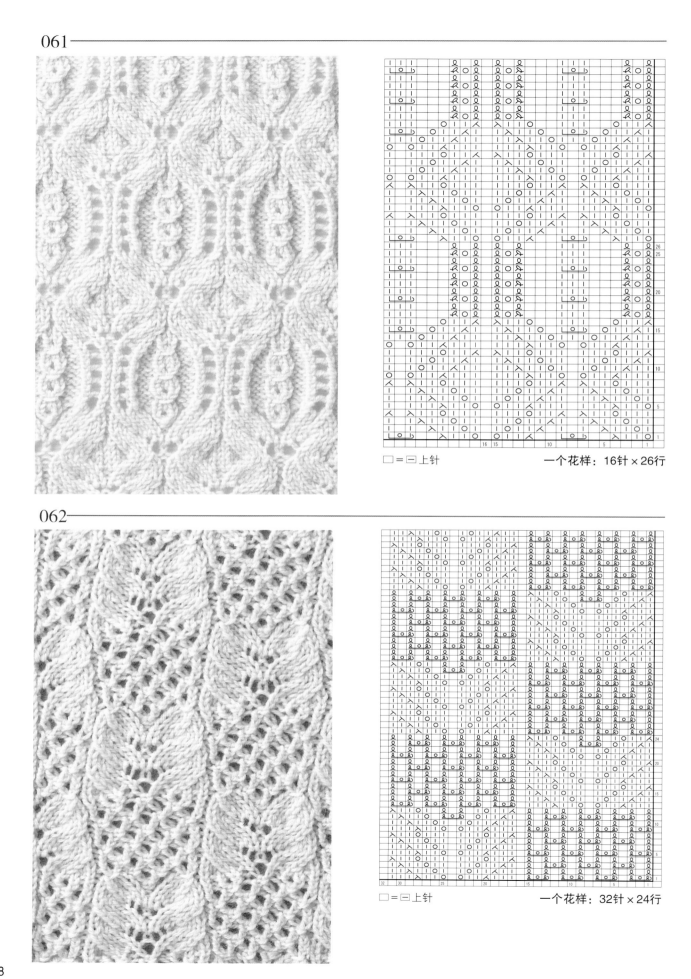

061

□ = ⊟ 上针　　　　　　　　一个花样：16针×26行

062

□ = ⊟ 上针　　　　　　　　一个花样：32针×24行

镂空花样（打结编织）

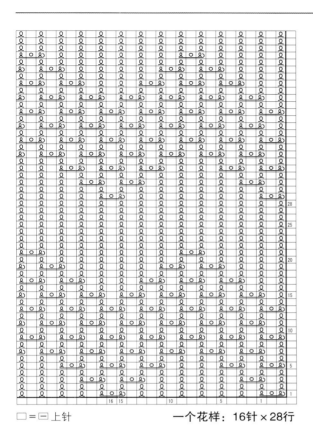

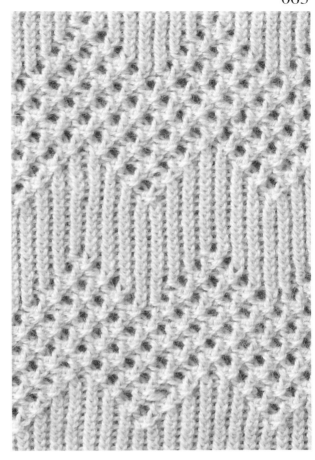

□＝⊟ 上针　　　一个花样：16针×28行

064

□＝⊟ 上针　　　一个花样：16针×48行

镂空花样（打结编织）

065 —

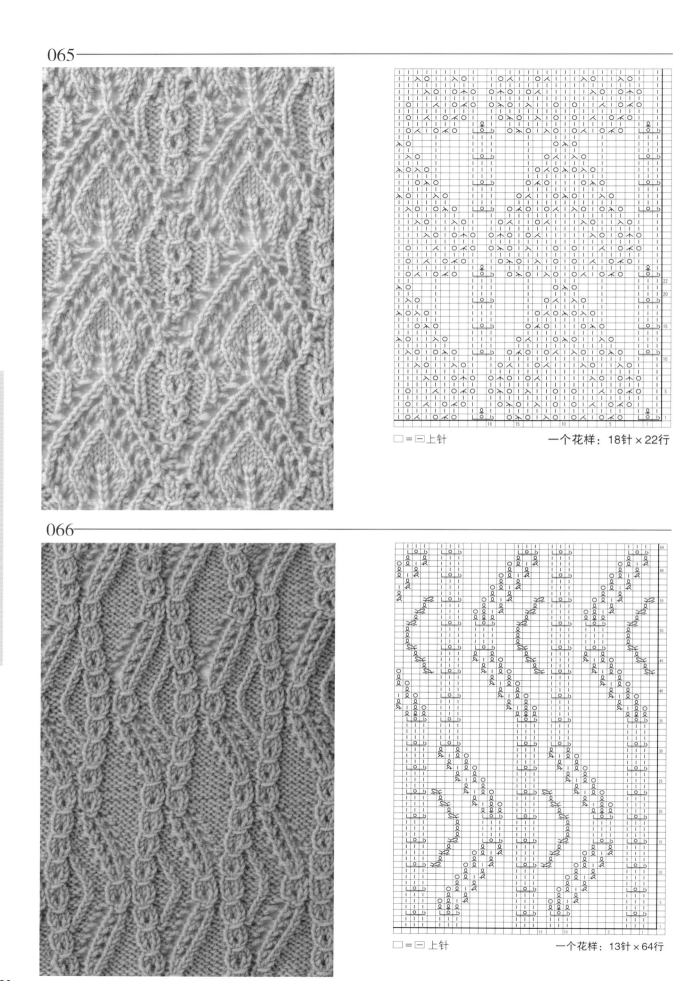

□ = □ 上针   一个花样：18针×22行

066 —

□ = □ 上针   一个花样：13针×64行

镂空花样（打结编织）

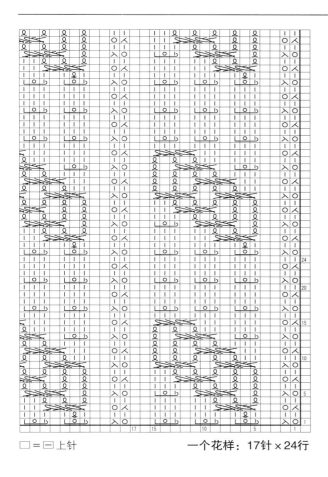

□ = 上针　　　　　　　一个花样：17针×24行

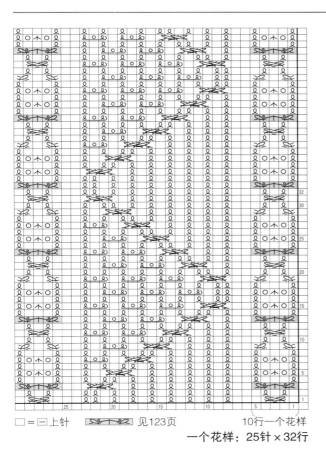

□ = 上针　　见123页　　　　10行一个花样

一个花样：25针×32行

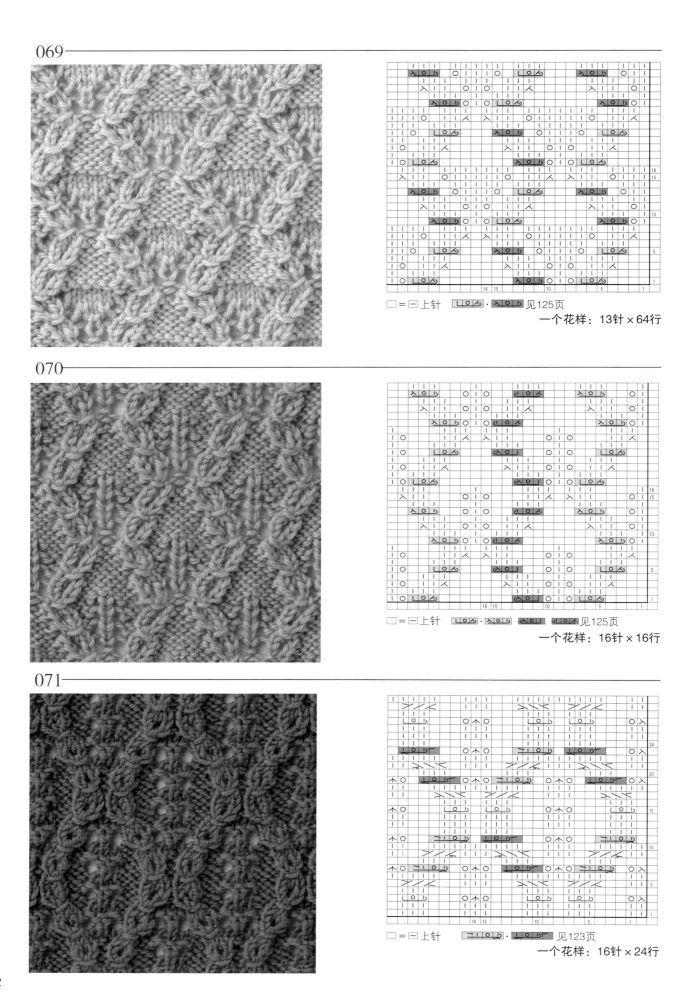

069

□ = — 上针　 见125页

一个花样：13针 × 64行

070

□ = — 上针　 见125页

一个花样：16针 × 16行

071

□ = — 上针　 见123页

一个花样：16针 × 24行

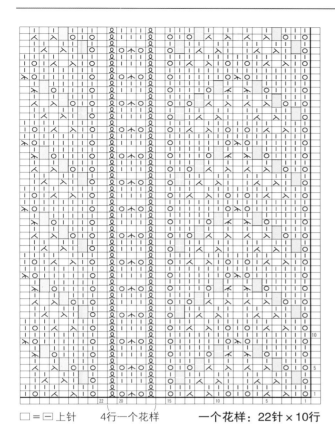

□ =⊟上针　4行一个花样　一个花样：22针×10行

□ =⊟上针　● =⟨⟩　一个花样：24针×32行

镂空花样（树叶形状）

□ = 曰 上针　　　　　4行一个花样
一个花样：26针 × 30行

□ = 曰 上针　　　　　一个花样：12针 × 38行

镂空花样（树叶形状）

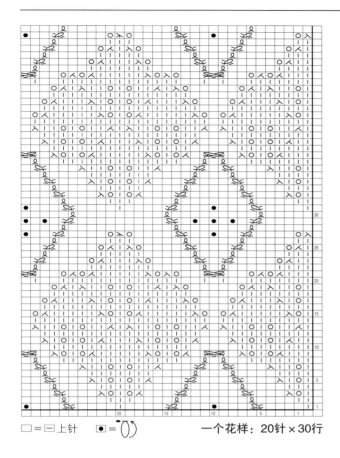

□ = ⊟ 上针　●＝ ⌒() 　　　一个花样：20针×30行

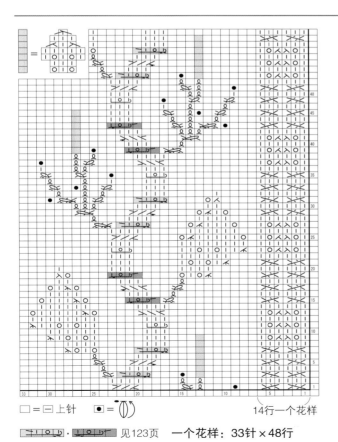

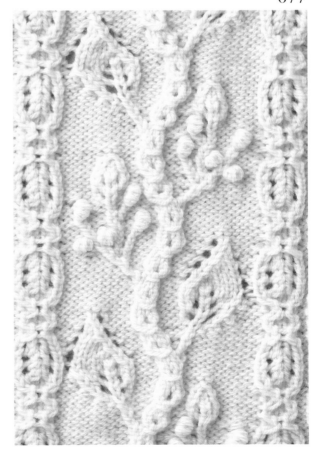

□ = ⊟ 上针　●＝ () 　　　14行一个花样

见123页　一个花样：33针×48行

镂空花样（树叶形状）

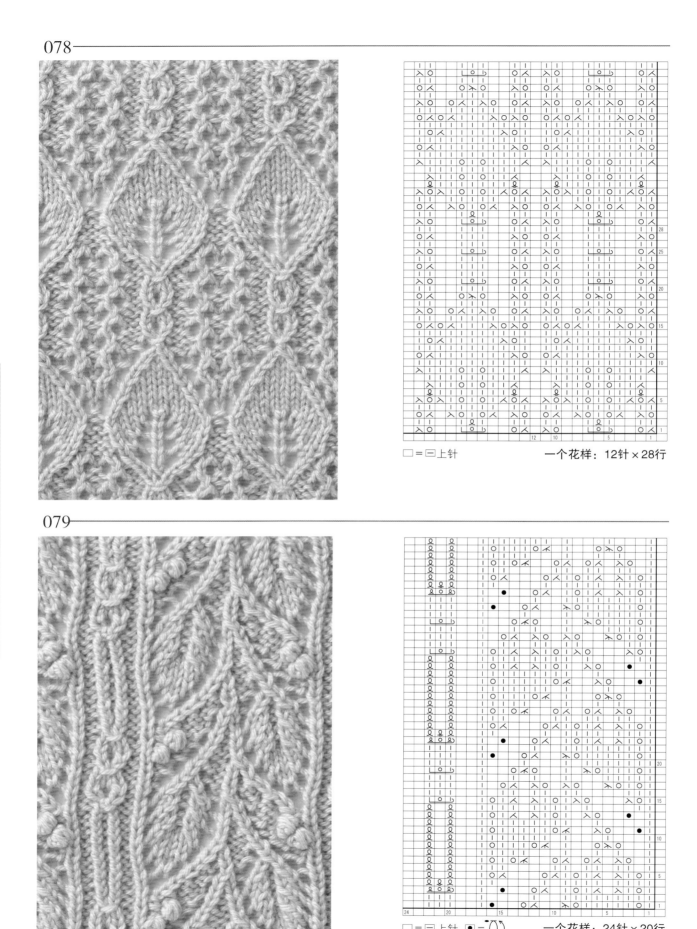

079

□=□上针　　　　　　　　一个花样：12针×28行

□=□上针　●=⌒( )　　　一个花样：24针×20行

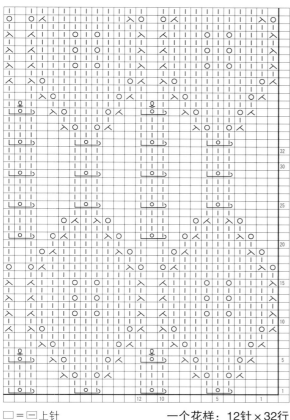

□ = 　 上针　　　　　　　　一个花样：12针×32行

081

□ = 　 上针　　　　　　　　一个花样：26针×40行

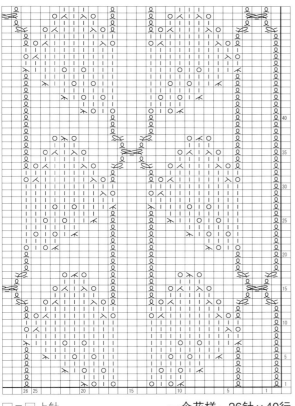

镂空花样（树叶形状）

37

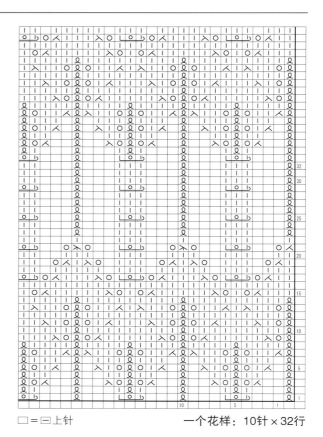

□ = ⊟ 上针　　　　　　　　一个花样：10针×32行

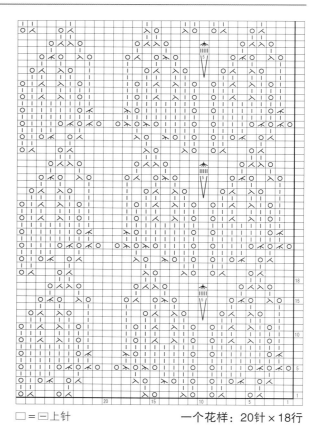

□ = ⊟ 上针　　　　　　　　一个花样：20针×18行

镂空花样（树叶形状）

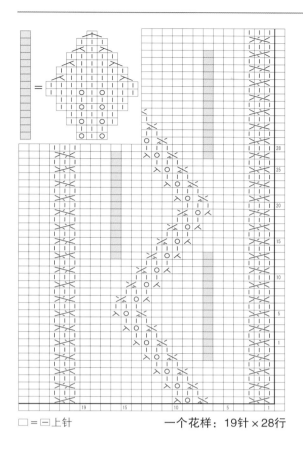

□＝□上针　　　　　　　　一个花样：19针×28行

□＝□上针

4行一个花样

一个花样：22针×18行

镂空花样（树叶形状）

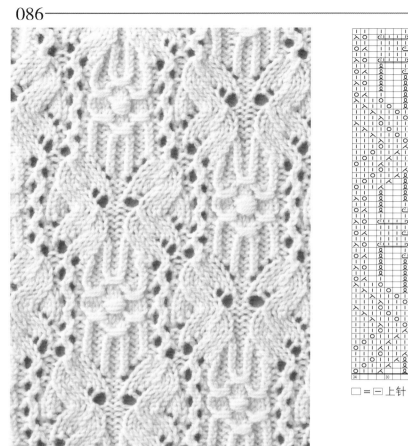

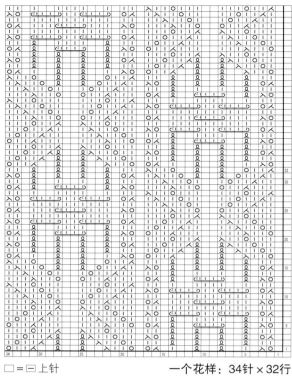

□ = ⊟ 上针　　　　　　　一个花样：34针×32行

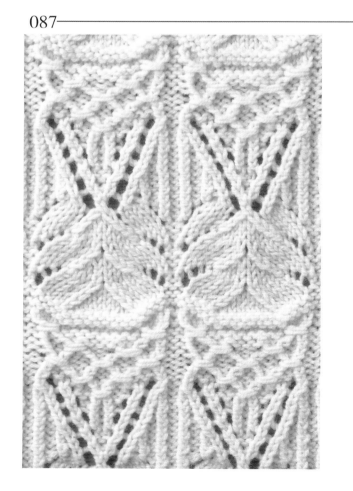

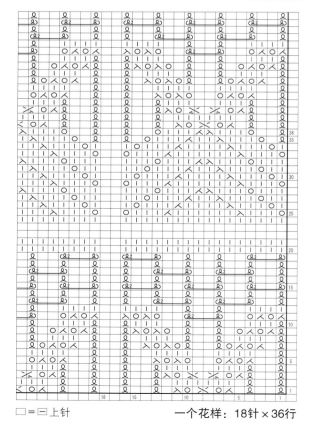

□ = ⊟ 上针　　　　　　　一个花样：18针×36行

镂空花样（褶饰）

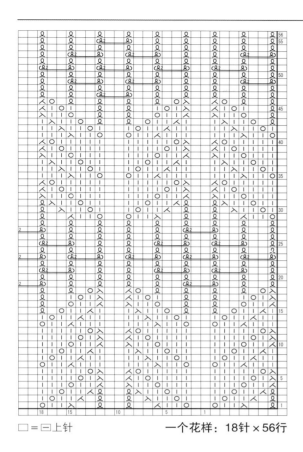

□ = ⊟ 上针　　　一个花样：18针×56行

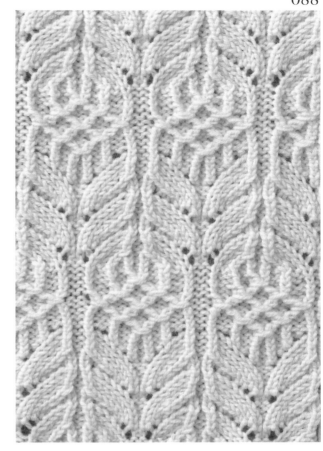

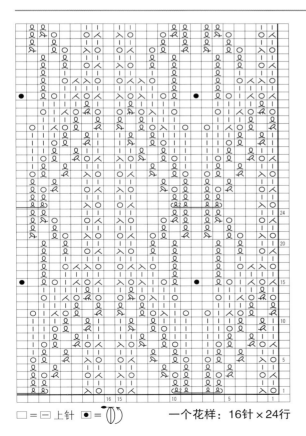

□ = ⊟ 上针　　● = 🜂　　　一个花样：16针×24行

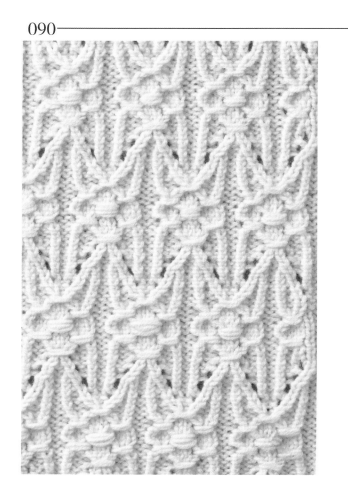

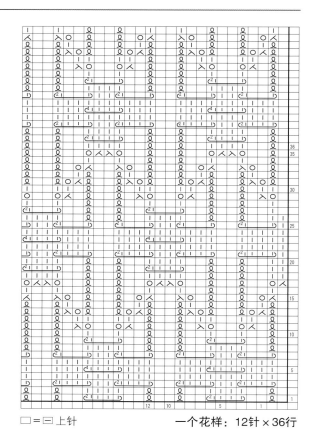

□ = □ 上针　　　　　一个花样：12针 × 36行

091

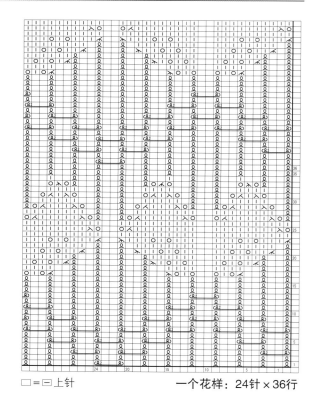

□ = □ 上针　　　　　一个花样：24针 × 36行

镂空花样（褶饰）

42

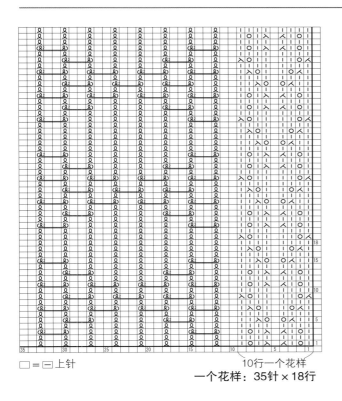

□ = □ 上针

10行一个花样

一个花样：35针 × 18行

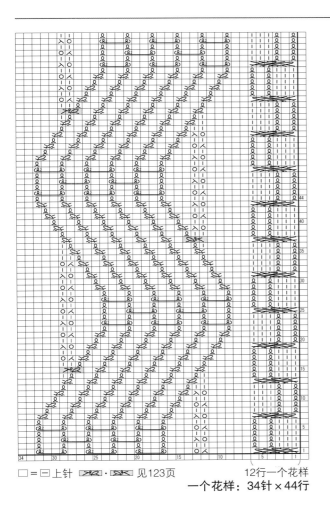

□ = □ 上针　见123页

12行一个花样

一个花样：34针 × 44行

镂空花样（褶饰）

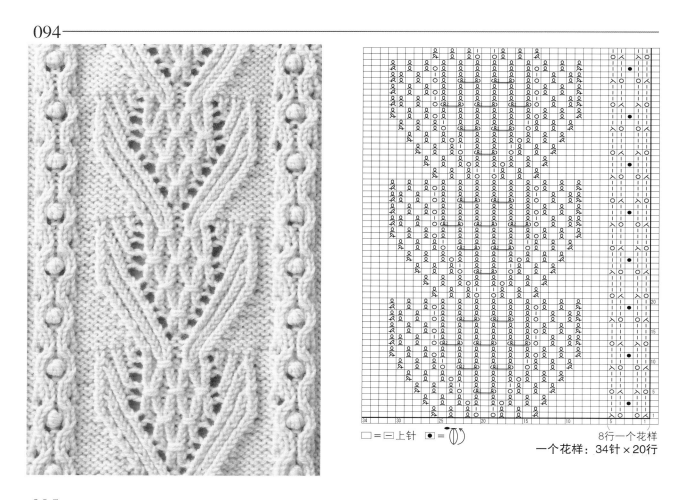

□ = 上针 ● = 〰️

8行一个花样
一个花样：34针×20行

095

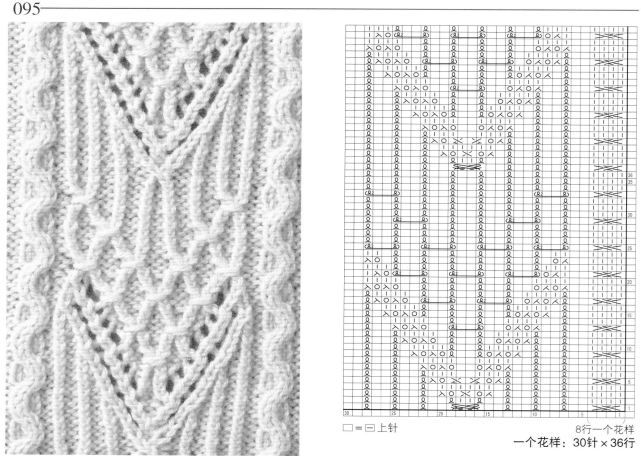

□ = 上针

8行一个花样
一个花样：30针×36行

镂空花样（褶饰）

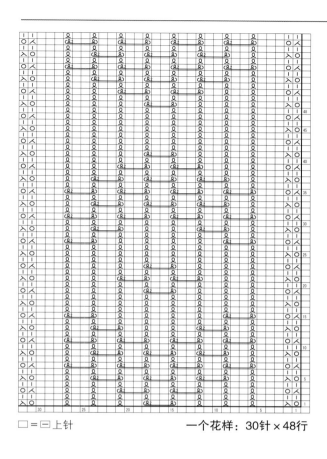

□ = ⊟ 上针　　　　　　　　　　　　一个花样：30针×48行

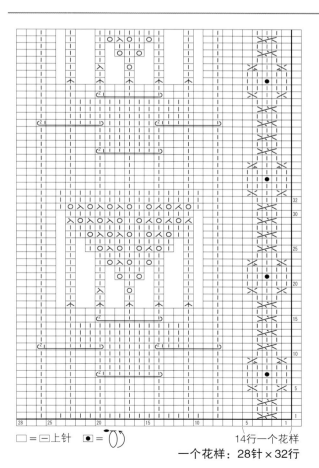

□ = ⊟ 上针　● = ⟨⟩　　　　　　　　14行一个花样

一个花样：28针×32行

镂空花样（褶饰）

暗花花样

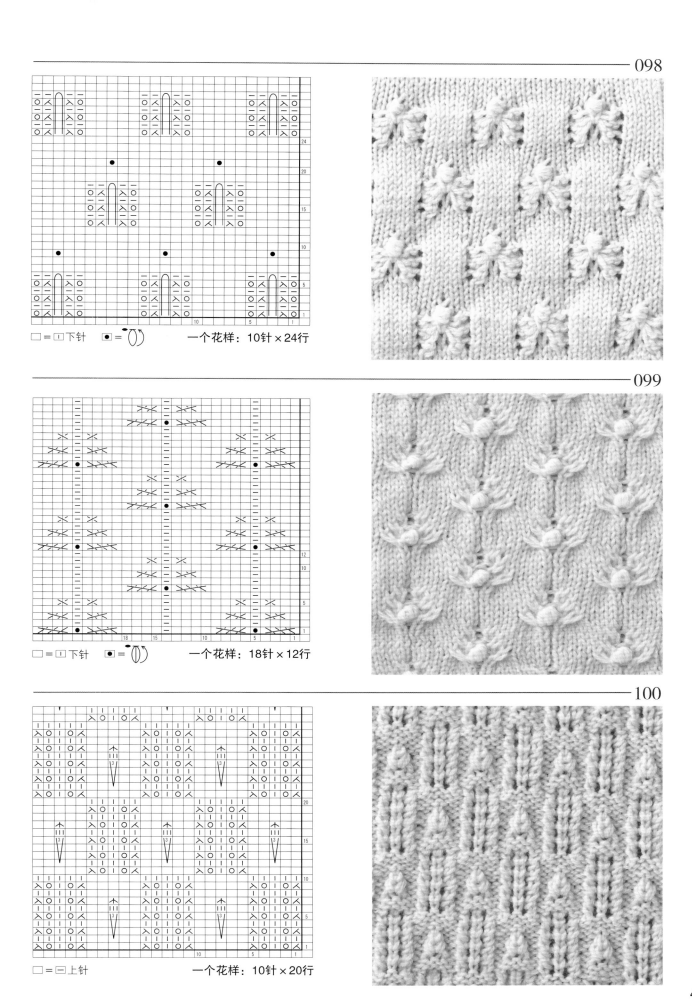

□ = ⊡ 下针 • = ⌒ 　　　　　一个花样：10针×24行

□ = ⊡ 下针 • = ⌒ 　　　　　一个花样：18针×12行

□ = ⊟ 上针 　　　　　一个花样：10针×20行

暗花花样

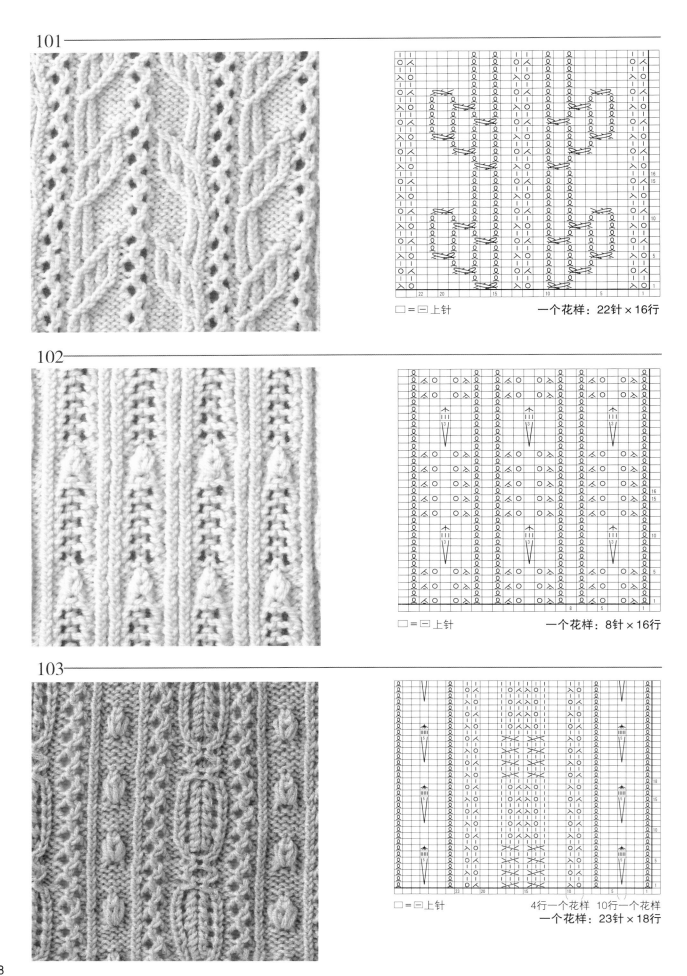

101

□ = ⊟ 上针　　　　　一个花样：22针×16行

102

□ = ⊟ 上针　　　　　一个花样：8针×16行

103

□ = ⊟ 上针　　　　4行一个花样　10行一个花样
一个花样：23针×18行

暗花花样

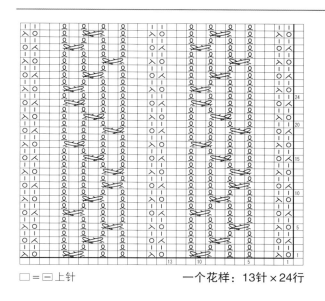

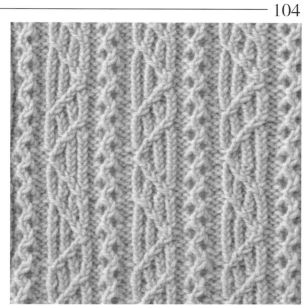

□ = □ 上针　　　　　　　一个花样：13针×24行

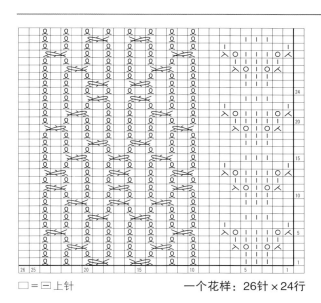

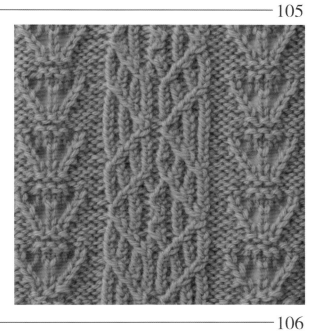

□ = □ 上针　　　　　　　一个花样：26针×24行

暗花花样

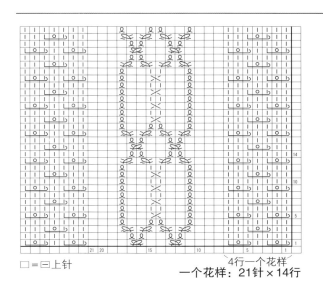

□ = □ 上针　　　　　　　4行一个花样
一个花样：21针×14行

107

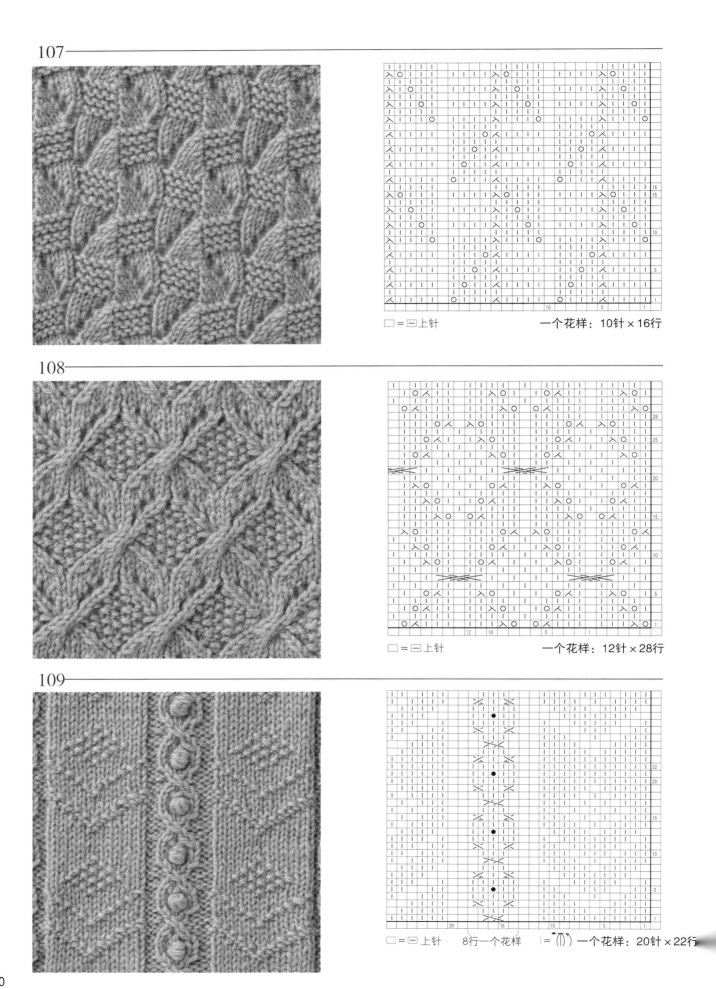

□ = ⊟ 上针　　　　　　一个花样：10针×16行

108

□ = ⊟ 上针　　　　　　一个花样：12针×28行

109

□ = ⊟ 上针　　8行一个花样　　|＝(¡ ¡)¡ 一个花样：20针×22行

暗花花样

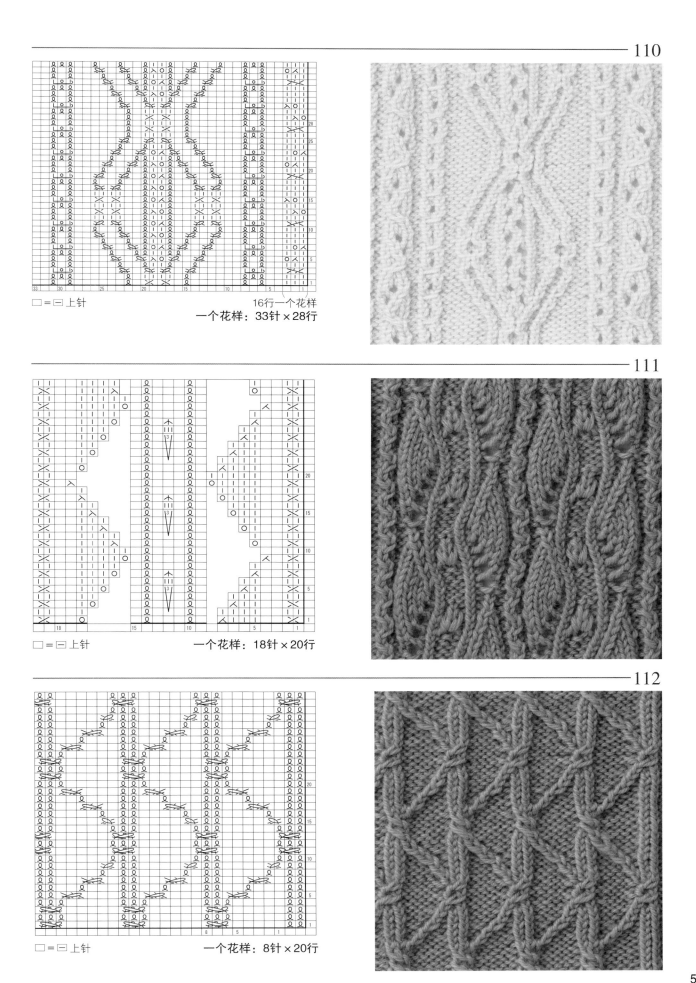

□ = □ 上针

16行一个花样
一个花样：33针×28行

□ = □ 上针

一个花样：18针×20行

暗花花样

□ = □ 上针

一个花样：8针×20行

113

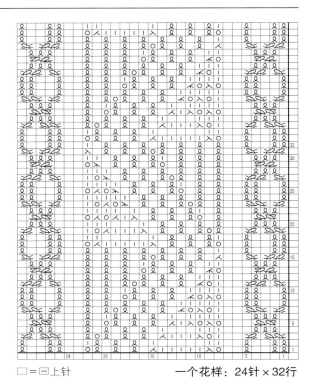

□ = ⊟ 上针　　　　　一个花样：24针×32行

114

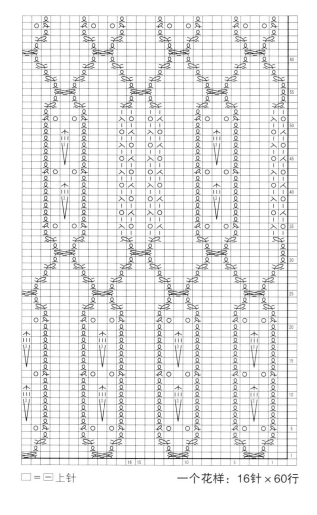

□ = ⊟ 上针　　　　　一个花样：16针×60行

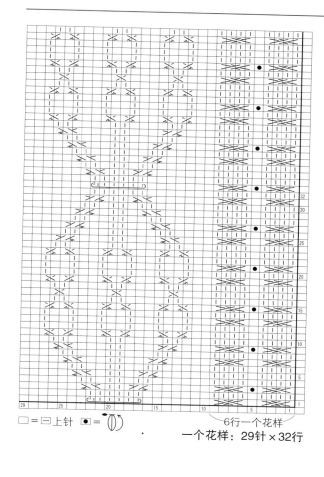

□＝－ 上针　●＝ ●)）

6行一个花样

一个花样：29针×32行

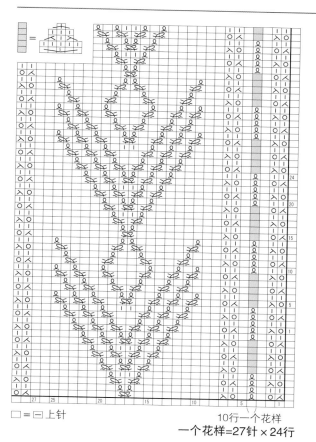

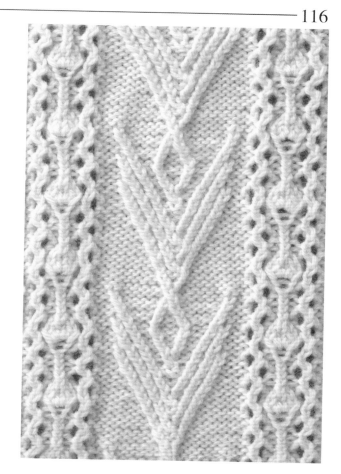

□＝－ 上针

10行一个花样

一个花样＝27针×24行

暗花花样

117

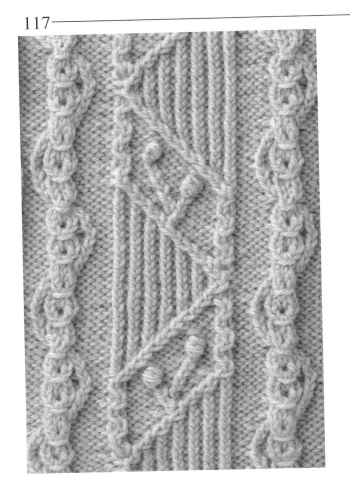

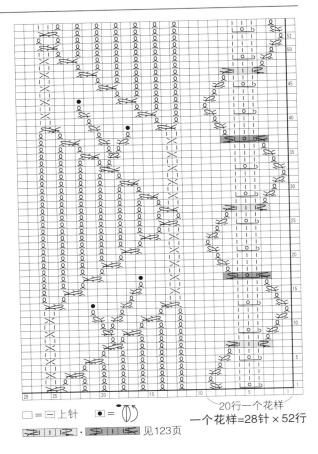

□ = □ 上针　　● = 〉

〉▨ · 〉▨ 见123页

20行一个花样
一个花样=28针 × 52行

118

□ = □ 上针

20行一个花样
一个花样：38针 × 36行

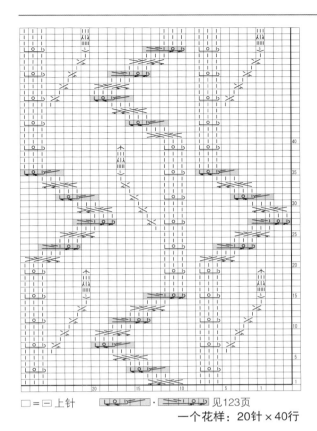

□ = □ 上针　　　■○ㅂ■·■○ㅂ■ 见123页

一个花样：20针×40行

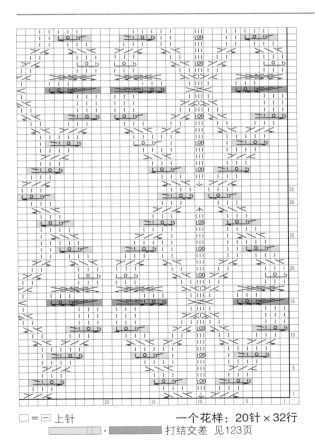

□ = □ 上针　　　一个花样：20针×32行

■　·　■　打结交差 见123页

暗花花样

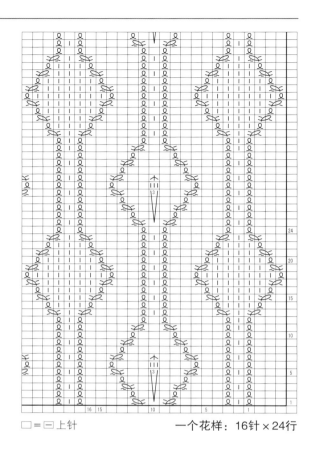

□ ＝ □ 上针　　　　　　　　　一个花样：16针×24行

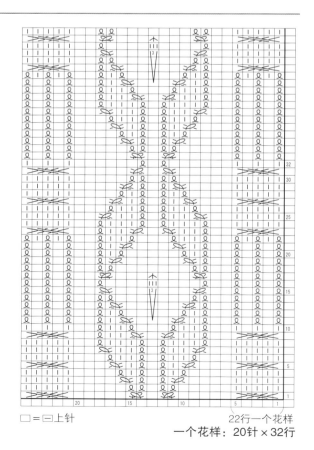

□ ＝ □ 上针　　　　　　　　　22行一个花样

一个花样：20针×32行

暗花花样

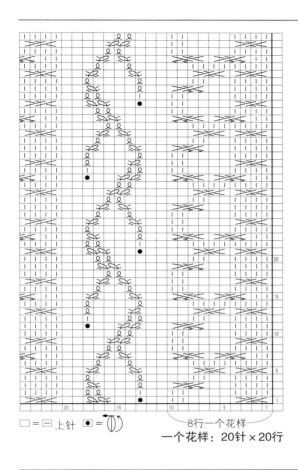

123

□＝□ 上针　●＝⦊⦉　　　　　8行一个花样

一个花样：20针×20行

124

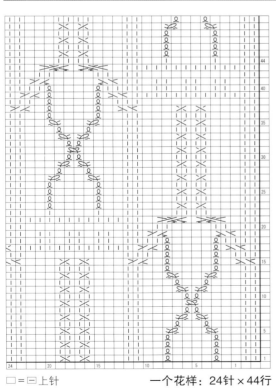

□＝□ 上针　　　　　　一个花样：24针×44行

暗花花样

57

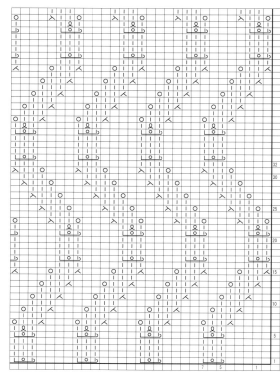

□ = — 上针   一个花样：7针×32行

□ = — 上针   一个花样：8针×44行

暗花花样

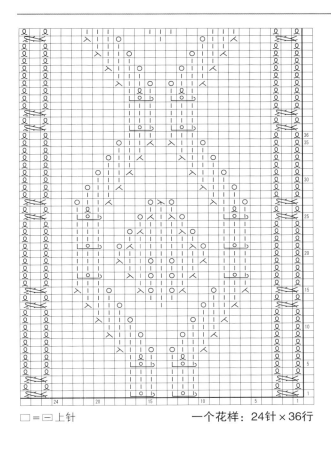

□=⊟上针　　　　　　　一个花样：24针×36行

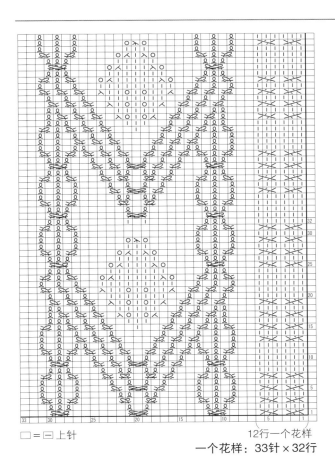

□=⊟上针　　　12行一个花样
一个花样：33针×32行

暗花花样

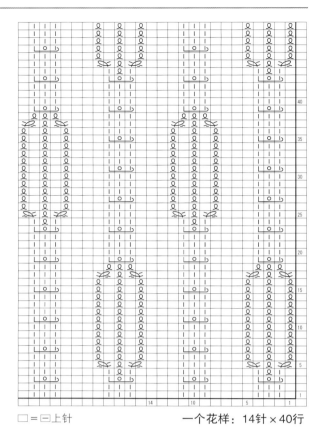

□ = □ 上针　　　　一个花样：14针 × 40行

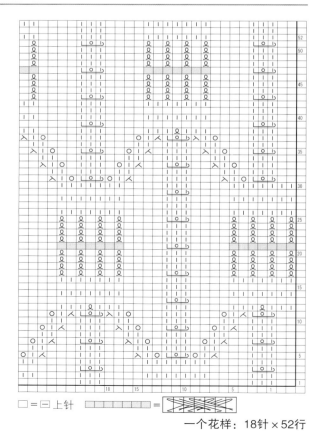

□ = □ 上针　　　■■■■■ = 〼〼〼

一个花样：18针 × 52行

暗花花样

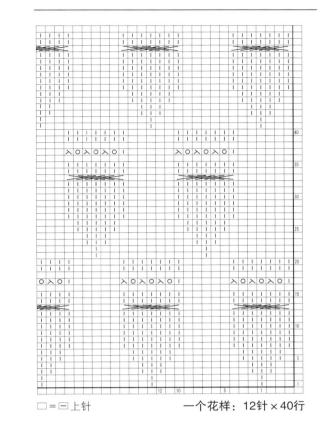

□ = ⊟ 上针　　　　　一个花样：12针 × 40行

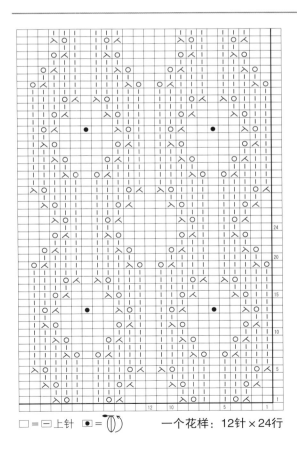

□ = ⊟ 上针　　● = 　　　　一个花样：12针 × 24行

暗花花样

组合花样

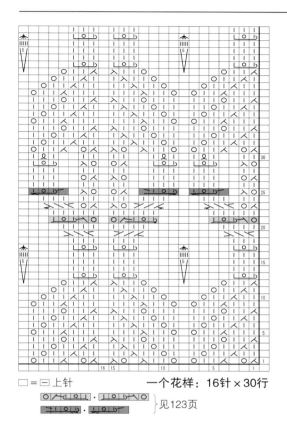

□ = □ 上针　　　一个花样：16针×30行

⟩见123页

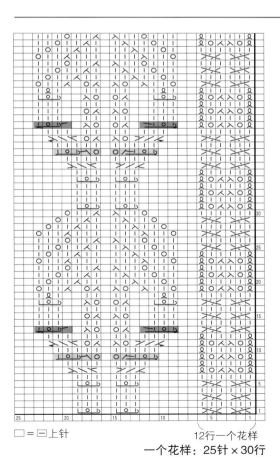

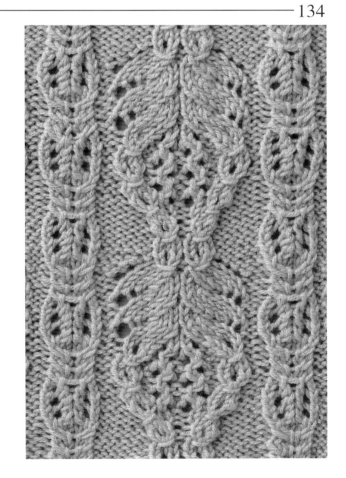

□ = □ 上针

12行一个花样

一个花样：25针×30行

135

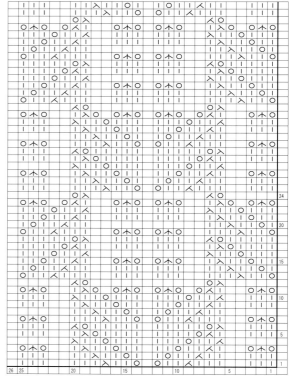

□＝□上针　　　　　　一个花样：26针×24行

136

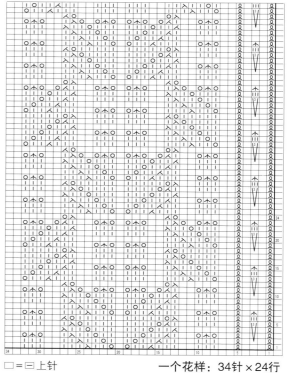

□＝□上针　　　　　　一个花样：34针×24行

组合花样

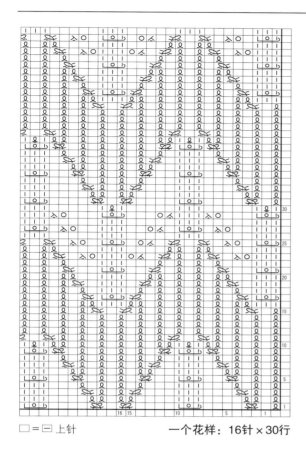

□ = ⊟ 上针　　　　　　　一个花样：16针×30行

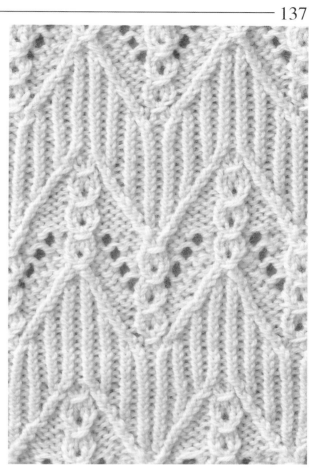

137

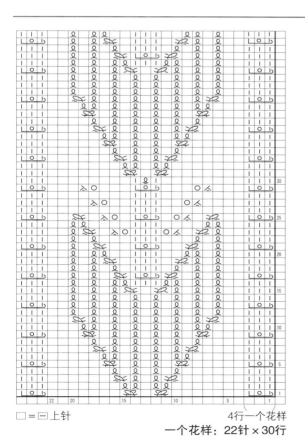

□ = ⊟ 上针　　　　　　　4行一个花样
　　　　　　　　　　　　一个花样：22针×30行

138

组合花样

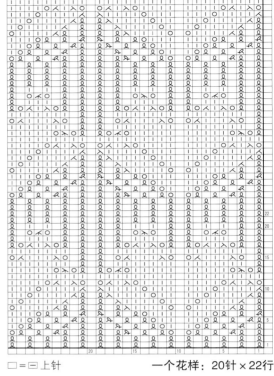

□ = ⊟ 上针　　　　　　　　一个花样：20针×22行

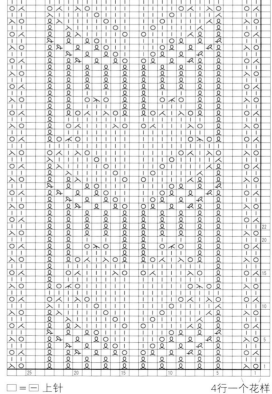

□ = ⊟ 上针

4行一个花样

一个花样：25针×22行

组合花样

— 141

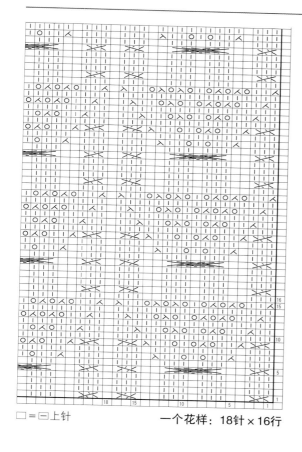

□ = 〓 上针   一个花样：18针×16行

— 142

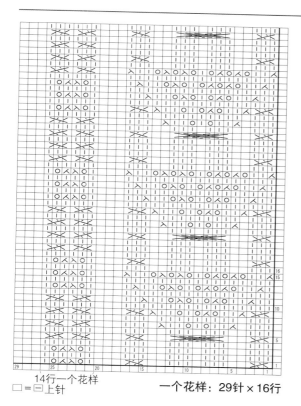

14行一个花样
□ = 〓 上针   一个花样：29针×16行

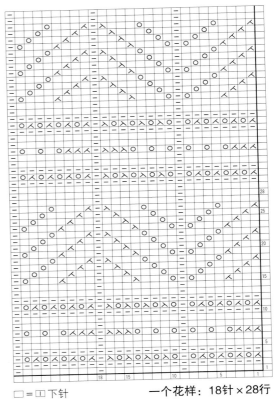

□ = ① 下针   一个花样：18针×28行

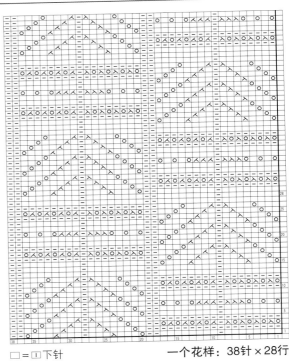

□ = ① 下针   一个花样：38针×28行

组合花样

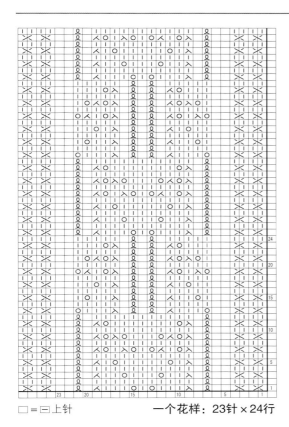

□ = ⊟ 上针　　　　一个花样：23针 × 24行

组合花样

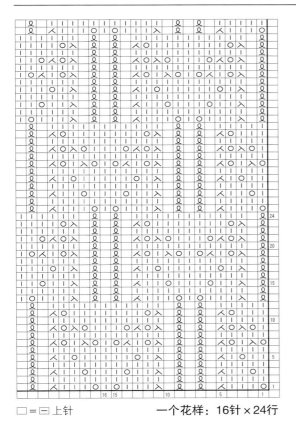

□ = ⊟ 上针　　　　一个花样：16针 × 24行

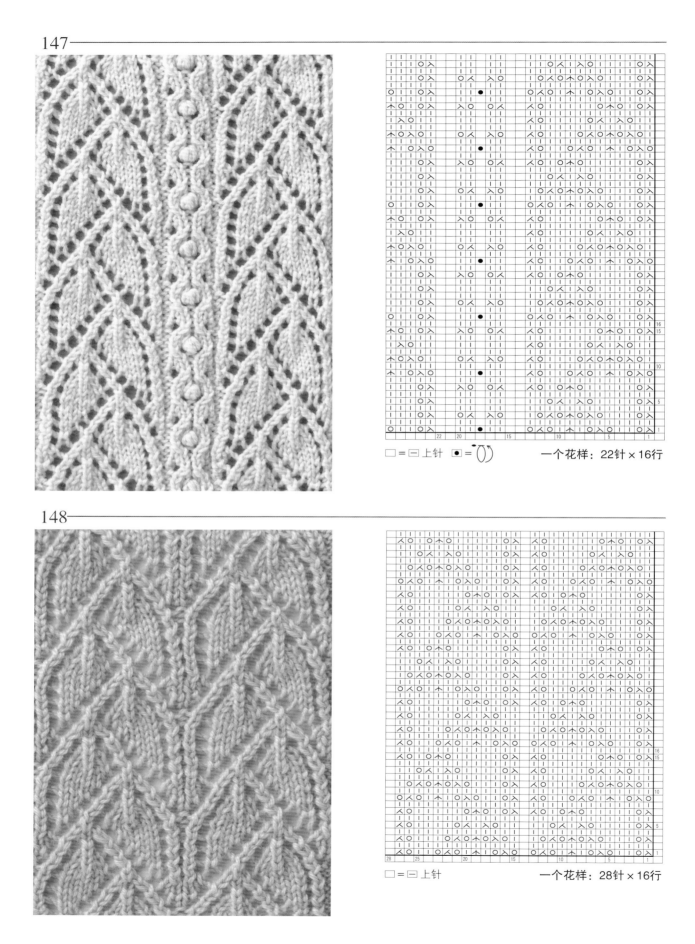

147

□ = ⊟ 上针　●= ͡ °(())　　一个花样：22针 × 16行

148

□ = ⊟ 上针　　　　一个花样：28针 × 16行

组合花样

70

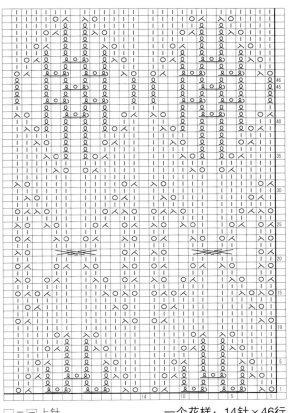

□ = ⊟ 上针　　　　一个花样：14针×46行

组合花样

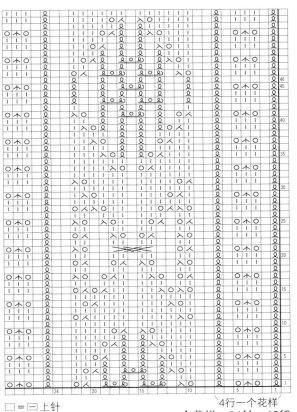

□ = ⊟ 上针　　　4行一个花样

一个花样：24针×46行

151

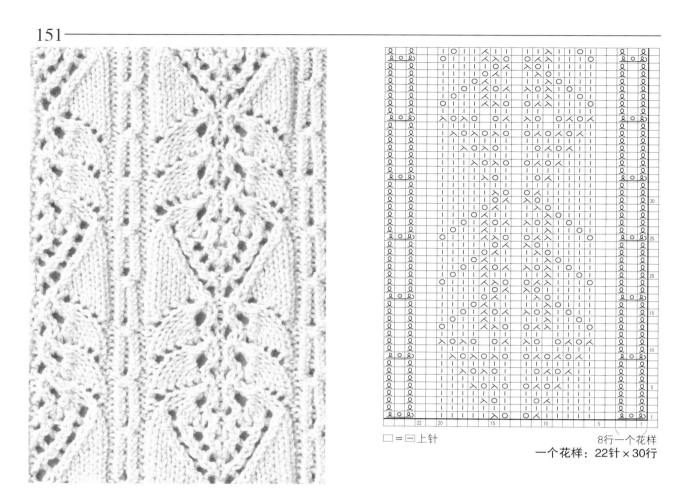

□ = □ 上针

8行一个花样
一个花样：22针×30行

152

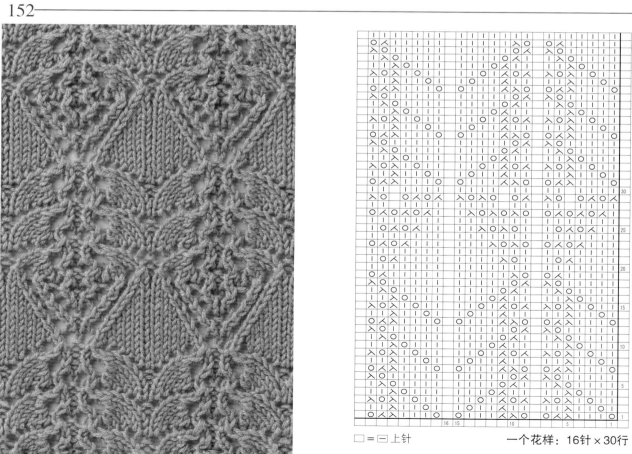

□ = □ 上针

一个花样：16针×30行

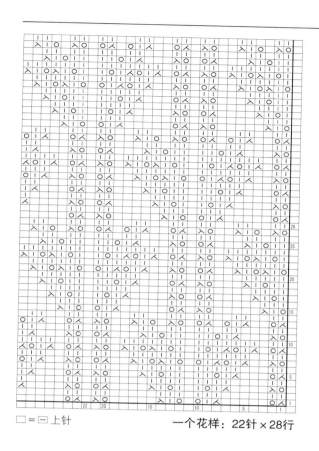

□ = □ 上针　　　　　　　一个花样：22针 × 28行

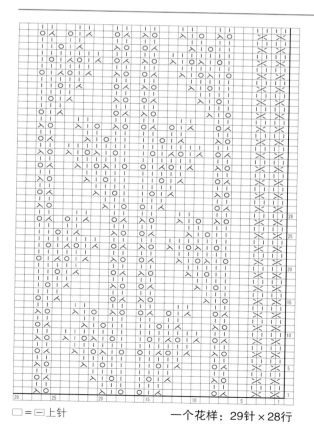

□ = □ 上针　　　　　　　一个花样：29针 × 28行

组合花样

155

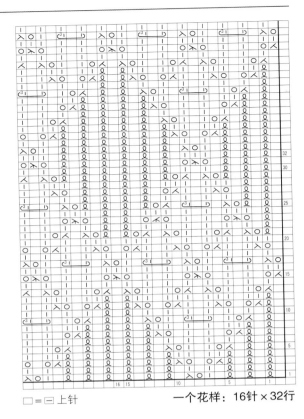

□ = ⊟ 上针　　　　　一个花样：16针×32行

156

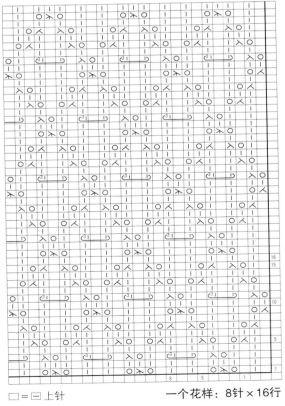

□ = ⊟ 上针　　　　　一个花样：8针×16行

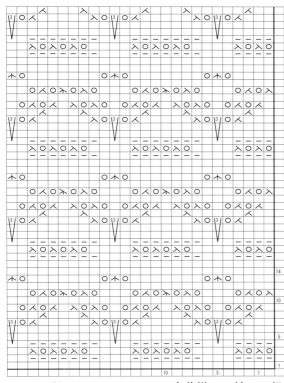

□ = □ 下针　　　　　　　一个花样：10针 × 14行

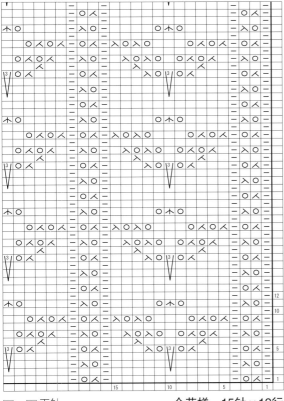

□ = □ 下针　　　　　　　一个花样：15针 × 12行

组合花样

交叉花样

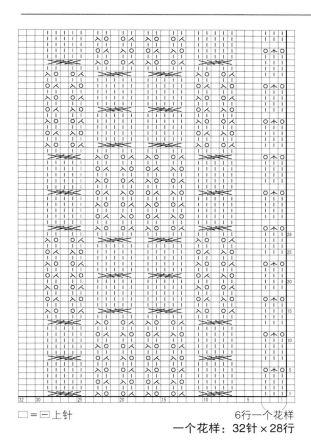

□ = ⊟ 上针

6行一个花样
一个花样：32针×28行

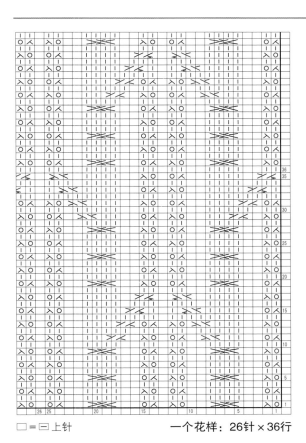

□ = ⊟ 上针

一个花样：26针×36行

交叉花样

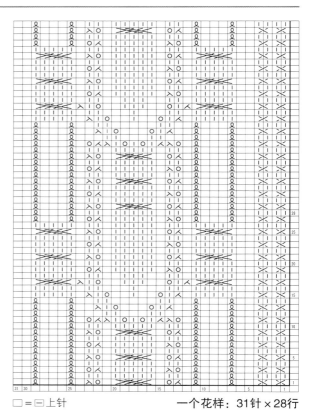

□ = ⊟ 上针　　　　　　　　　　一个花样：31针 × 28行

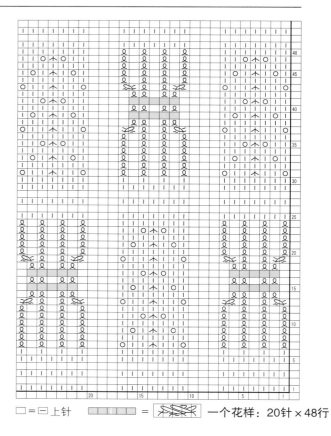

□ = ⊟ 上针　　▨▨▨▨▨ = ⤬⤬⤬　一个花样：20针 × 48行

交叉花样

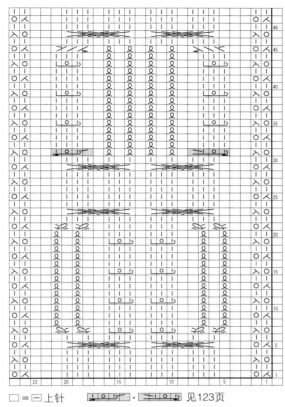

□ = 匚 上针　⊥○⊢┬・┬⊥○⊢　见123页

一个花样：23针×48行

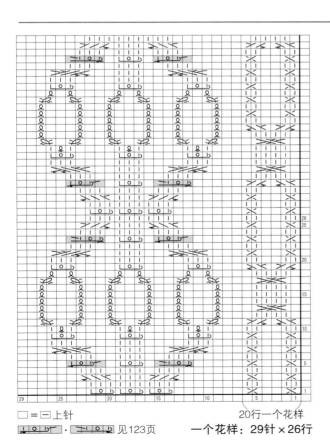

□ = 匚 上针

⊥○⊢┬・┬⊥○⊢　见123页　　20行一个花样

一个花样：29针×26行

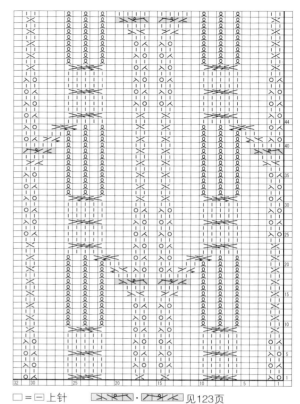

□ = □ 上针　　　🔀🔀·🔀🔀 见123页

一个花样：32针×44行

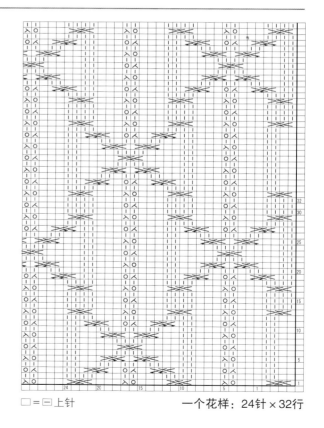

□ = □ 上针　　　一个花样：24针×32行

交叉花样

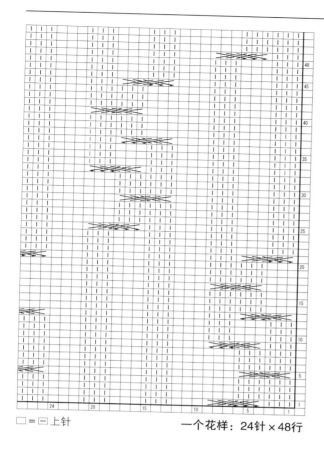

□ = ⊟ 上针　　　　　一个花样：24针×48行

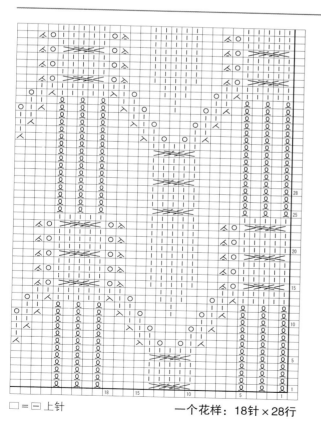

□ = ⊟ 上针　　　　　一个花样：18针×28行

交叉花样

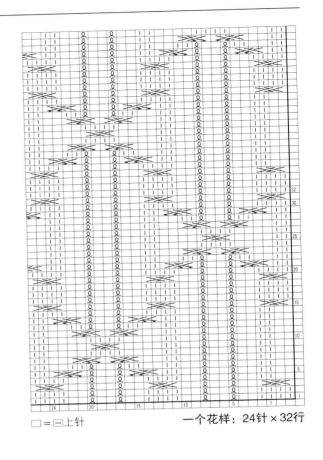

□＝□上针　　　　　　　　　　　　一个花样：24针×32行

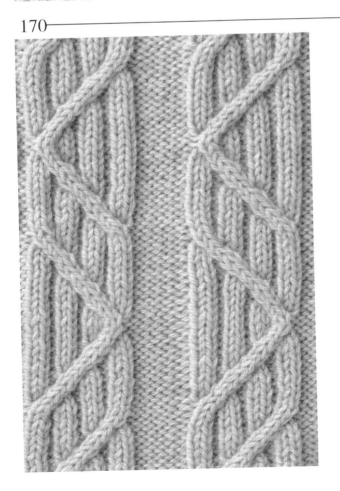

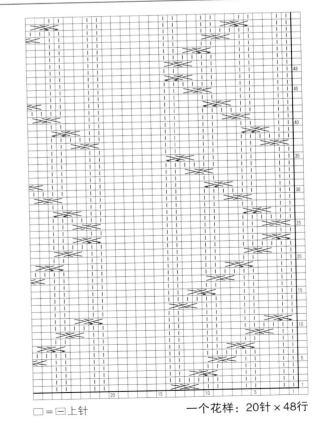

□＝□上针　　　　　　　　　　　　一个花样：20针×48行

交叉花样

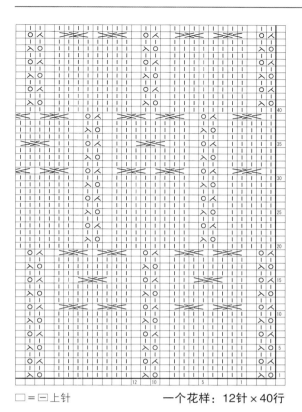

□ = □ 上针　　　　　　一个花样：12针×40行

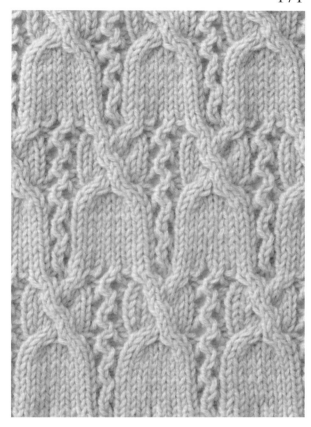

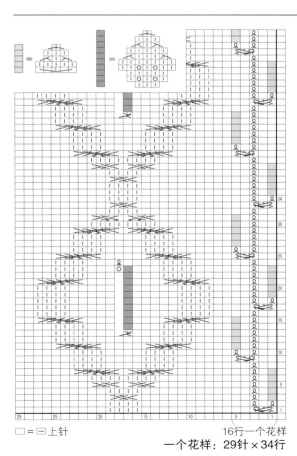

□ = □ 上针

16行一个花样

一个花样：29针×34行

交叉花样

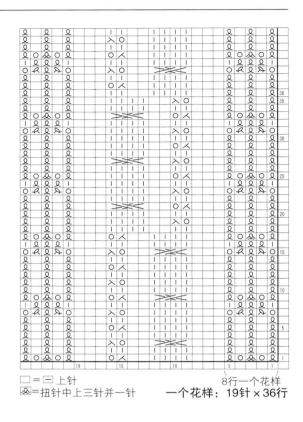

□ = □ 上针
⊠ = 扭针中上三针并一针

8行一个花样
一个花样：19针×36行

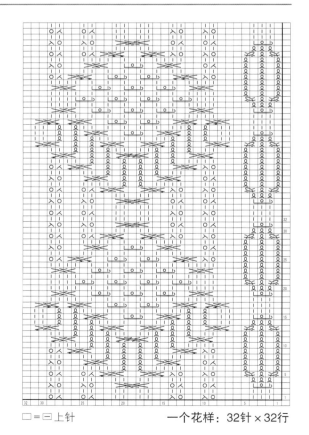

□ = □ 上针

一个花样：32针×32行

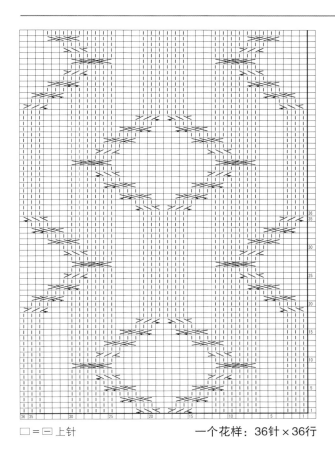

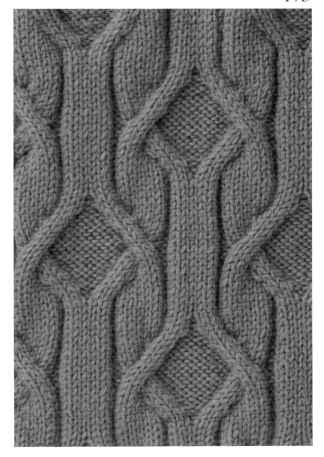

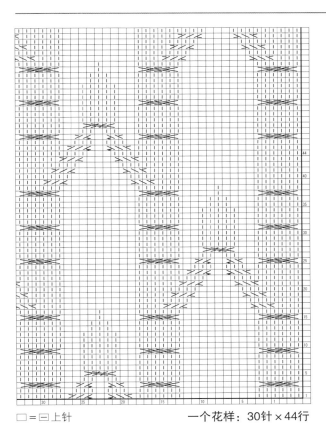

□ = ─ 上针　　　　　　　一个花样：36针×36行

□ = ─ 上针　　　　　　　一个花样：30针×44行

交叉花样

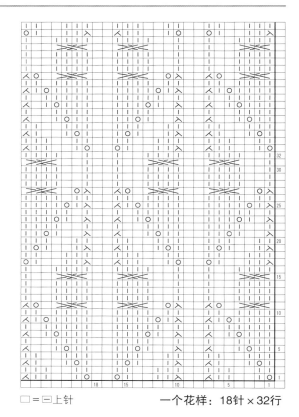

□ = ⊟ 上针　　　　　　　一个花样：18针 × 32行

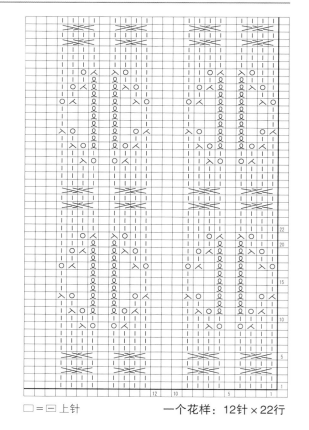

□ = ⊟ 上针　　　　　　　一个花样：12针 × 22行

交叉花样

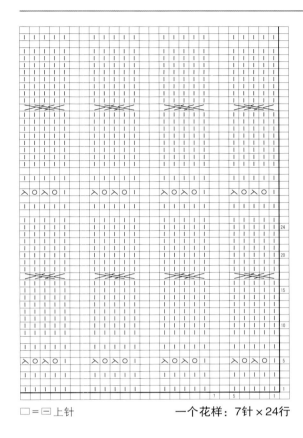

□=⊟上针　　　　　　　一个花样：7针×24行

交叉花样

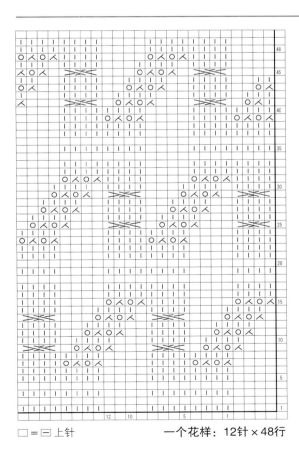

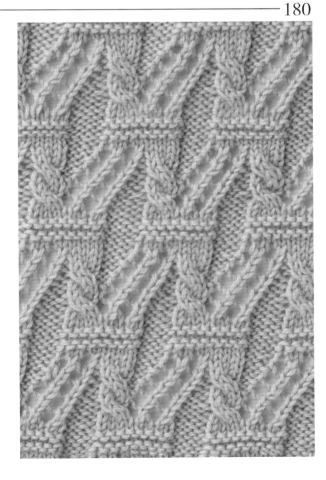

□=⊟上针　　　　　　　一个花样：12针×48行

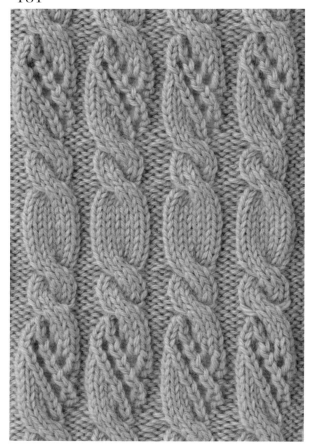
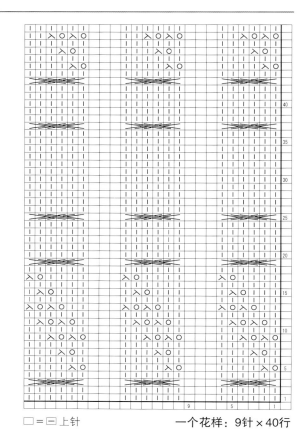

□ = 上针　　　　　　　　　一个花样：9针×40行

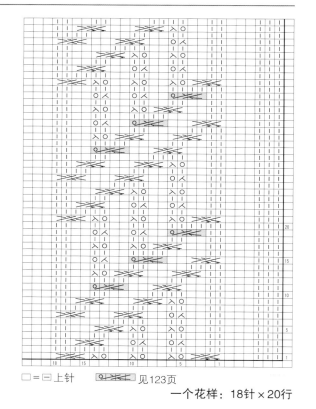

□ = 上针　　　见123页

一个花样：18针×20行

交叉花样

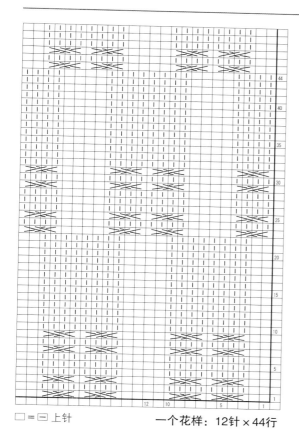

□ = □ 上针　　　　　　一个花样：12针×44行

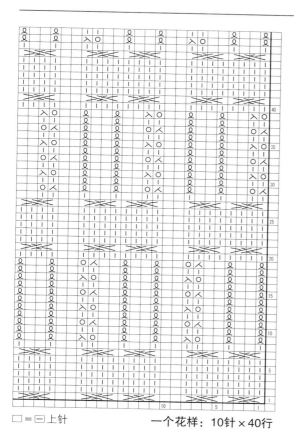

□ = □ 上针　　　　　　一个花样：10针×40行

交叉花样

185

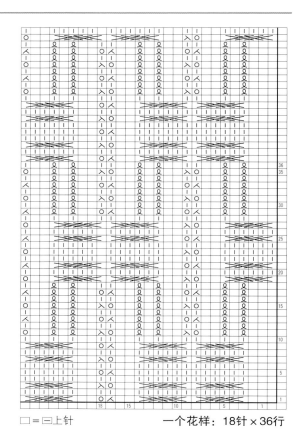

□ = □ 上针　　　一个花样：18针×36行

186

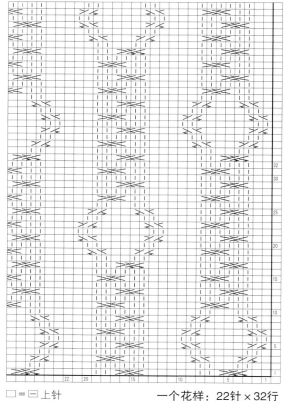

□ = □ 上针　　　一个花样：22针×32行

交叉花样

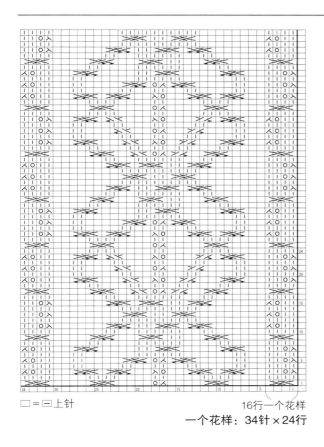

□ = □ 上针

16行一个花样
一个花样：34针×24行

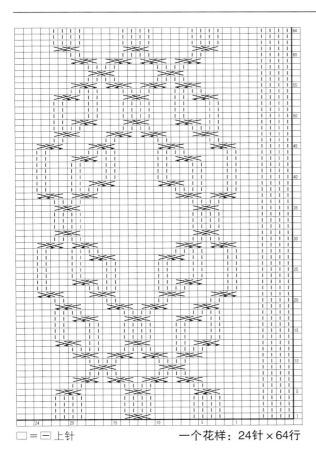

□ = □ 上针

一个花样：24针×64行

交叉花样

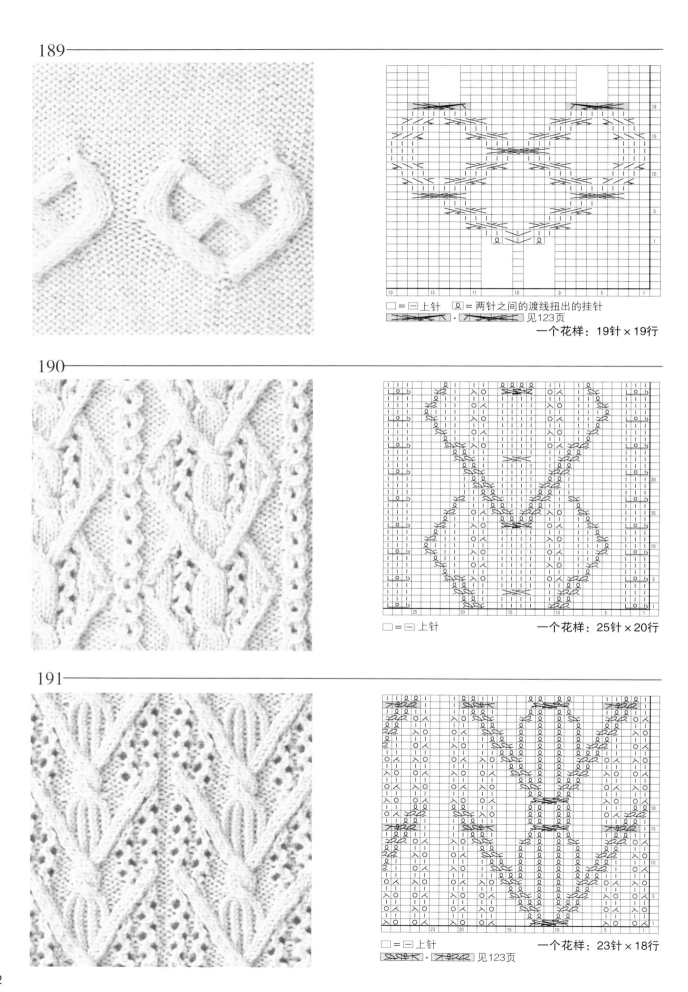

189

□ = 上针　⚥ = 两针之间的渡线扭出的挂针

见123页

一个花样：19针×19行

190

□ = 上针

一个花样：25针×20行

191

□ = 上针

一个花样：23针×18行

见123页

交叉花样

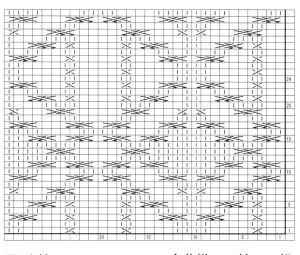

□=上针　　　　　　　一个花样：20针×24行

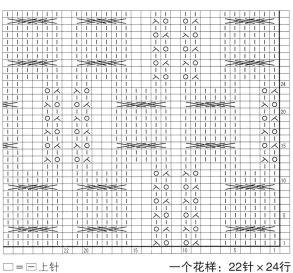

□=□上针　　　　　　　一个花样：22针×24行

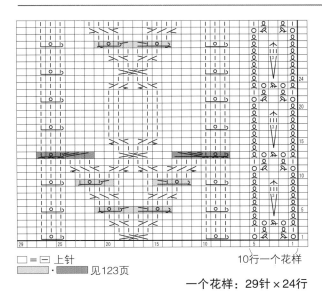

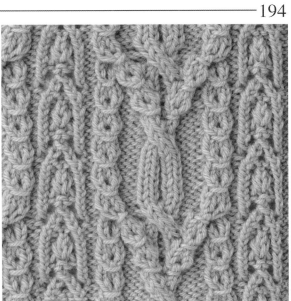

□=□上针
▨·▨　见123页

10行一个花样

一个花样：29针×24行

交叉花样

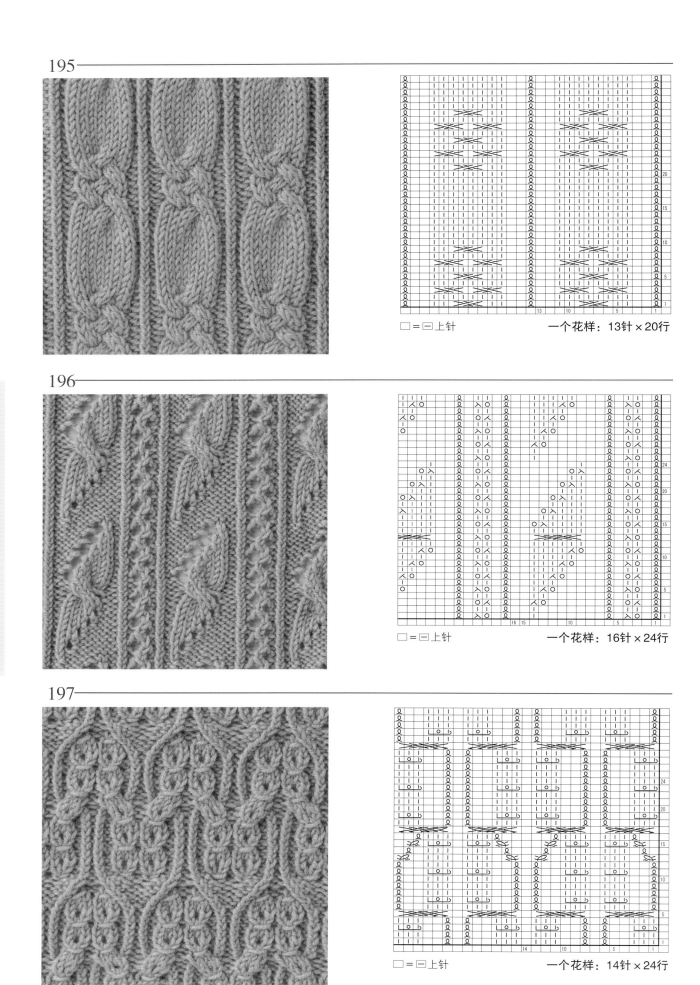

195

□=⊟上针　　　　　　　一个花样：13针×20行

196

□=⊟上针　　　　　　　一个花样：16针×24行

197

□=⊟上针　　　　　　　一个花样：14针×24行

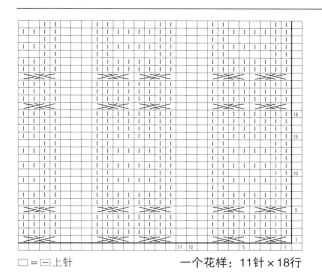

□ = □ 上针　　　　　　一个花样：11针×18行

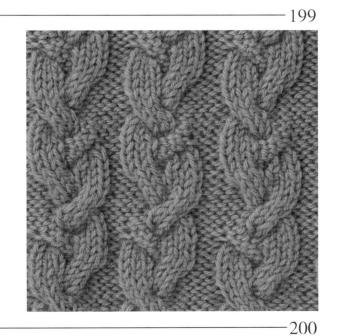

□ = □ 上针　　　　　　一个花样：12针×24行

交叉花样

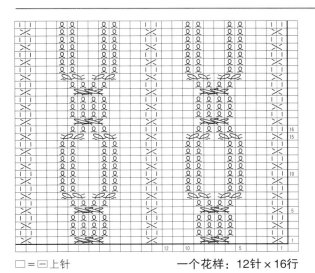

□ = □ 上针　　　　　　一个花样：12针×16行

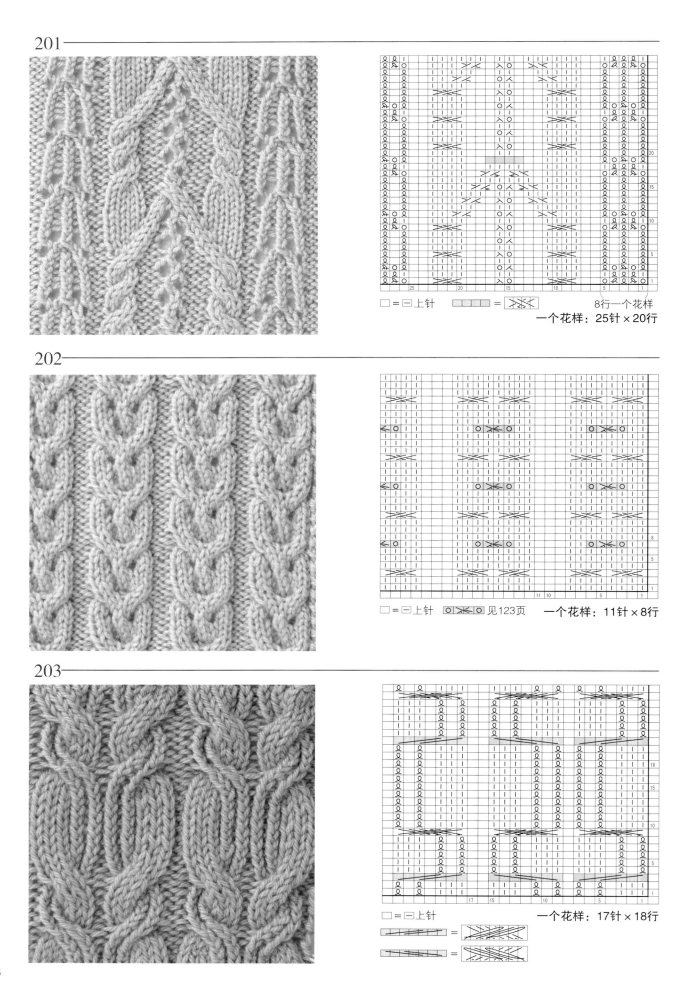

201

□ = ─ 上针　　■■■■ = ※※

8行一个花样

一个花样：25针×20行

202

□ = ─ 上针　　◯※◯ 见123页　　一个花样：11针×8行

203

□ = ─ 上针　　一个花样：17针×18行

交叉花样

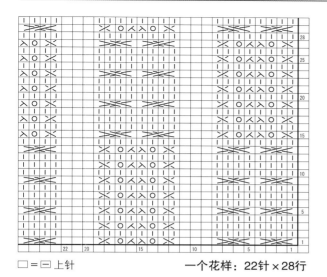

□ = □ 上针　　　　　　　一个花样：22针×28行

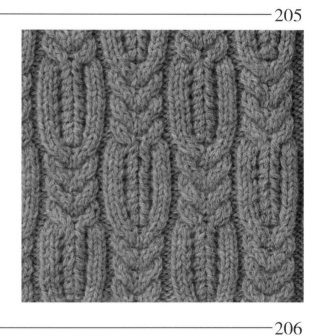

□ = □ 上针　　　　　　　一个花样：20针×28行

□ = □ 上针　　　　　　　一个花样：24针×28行

交叉花样

镶嵌花样

镶嵌花样

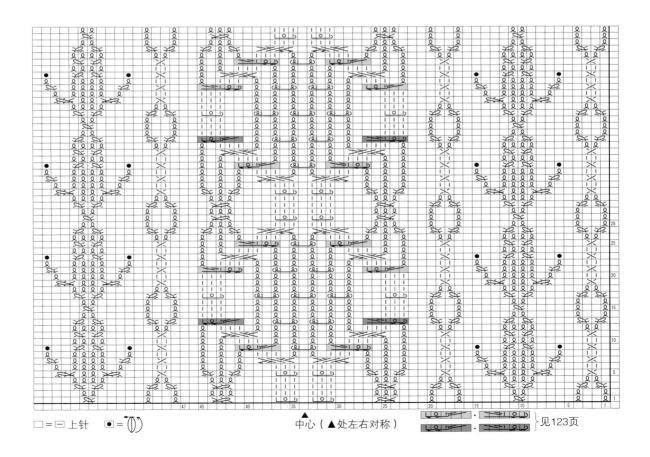

□ = □ 上针　● = ⁀

中心（▲处左右对称）

见123页

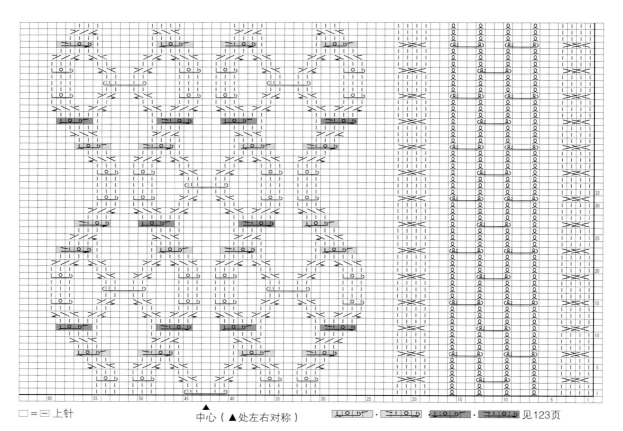

□ = □ 上针　　　中心（▲处左右对称）　　　见123页

镶嵌花样

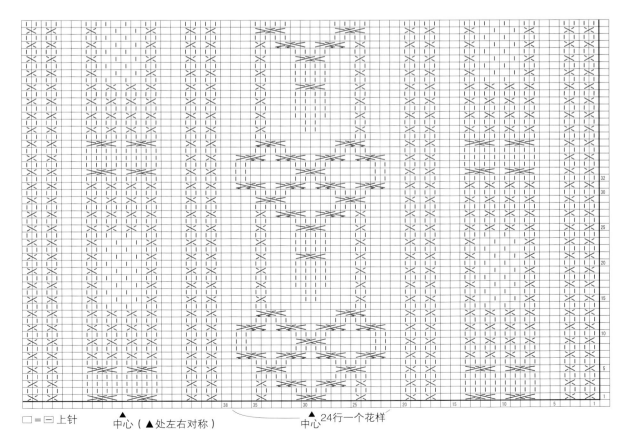

□=⊟ 上针　　　▲中心（▲处左右对称）　　中心 24行一个花样

镶嵌花样

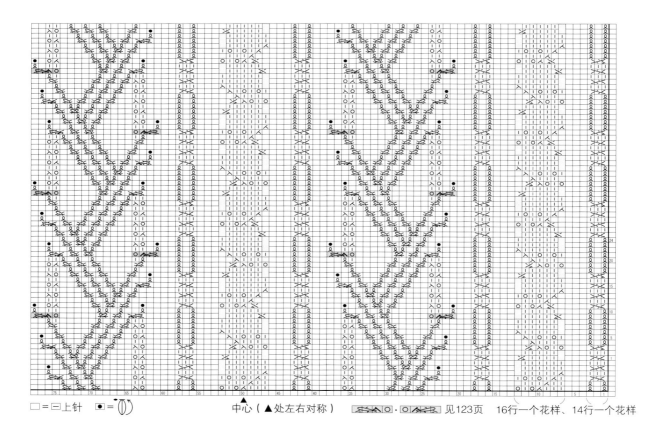

□=□上针　⊙=⊙　　　　中心（▲处左右对称）　见123页　16行一个花样、14行一个花样

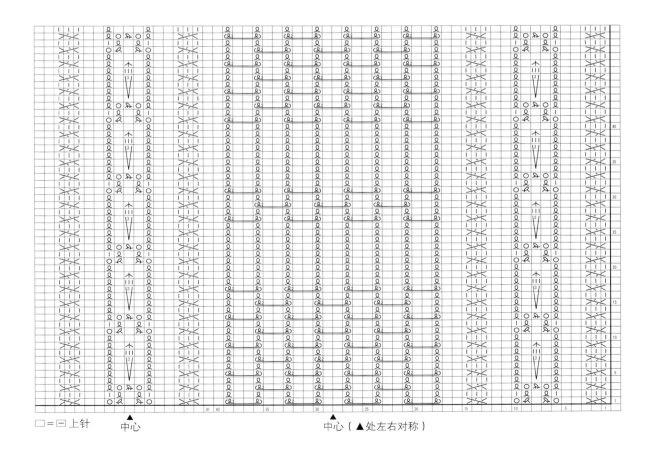

□ = □ 上针　　▲ 中心　　　　中心（▲处左右对称）

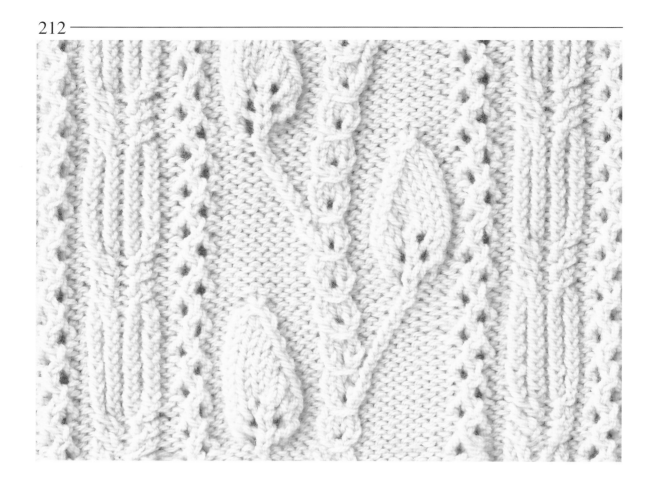

镶嵌花样

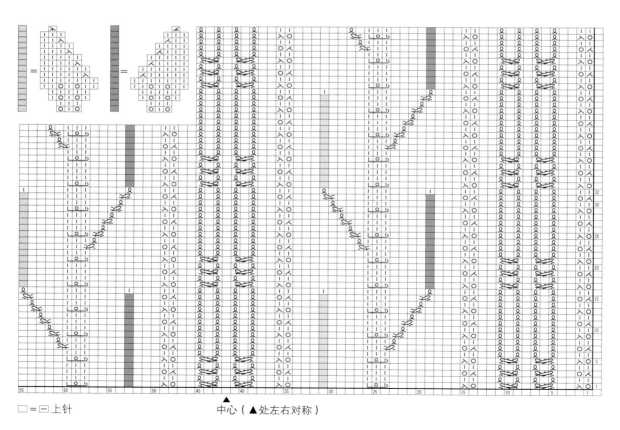

□=⊡上针

中心（▲处左右对称）

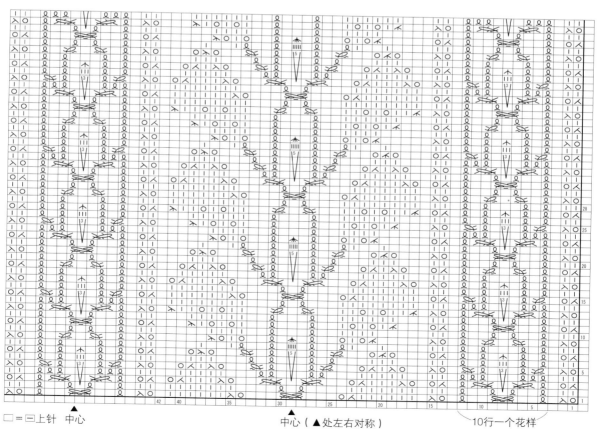

□＝□上针　中心　　　　　　　　　　　　中心（▲处左右对称）　　　　10行一个花样

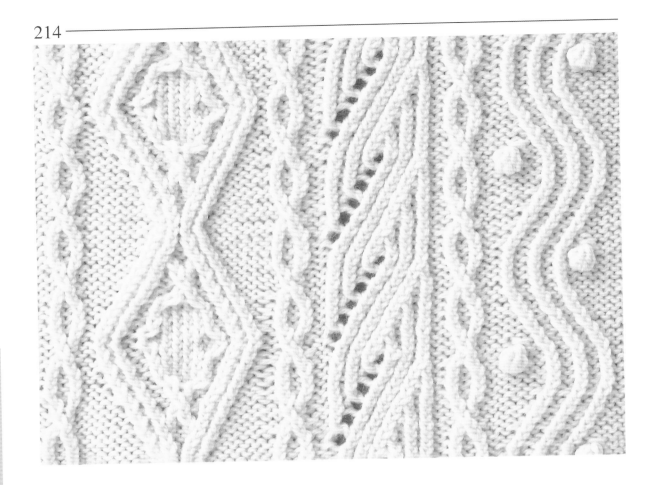

镶嵌花样

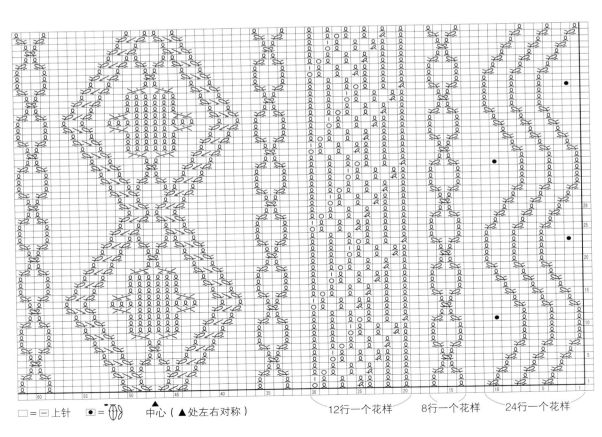

□ = ⊟ = 上针　　●＝ ⋔　　▲ 中心（▲处左右对称）

12行一个花样　　8行一个花样　　24行一个花样

镶嵌花样

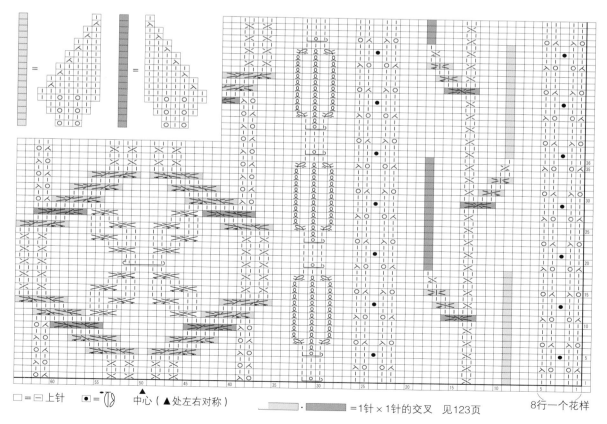

□=□=上针　　●=─＝⌒＝⌒＝中心（▲处左右对称）　　▬▬＝·▬▬＝1针×1针的交叉　见123页　　8行一个花样

镶嵌花样

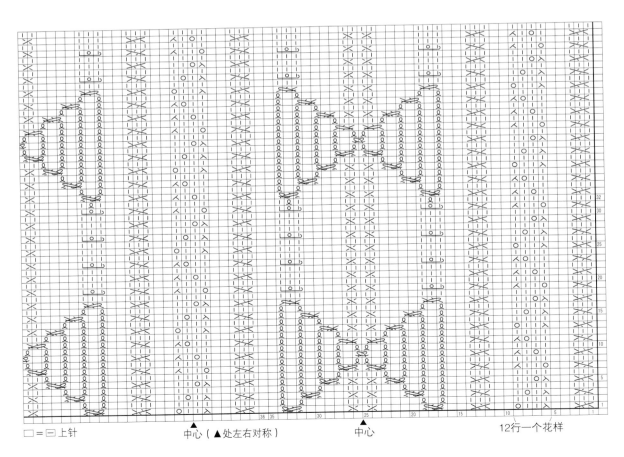

□ = □ 上针　　　　　　　中心（▲处左右对称）　　　　中心　　　　　12行一个花样

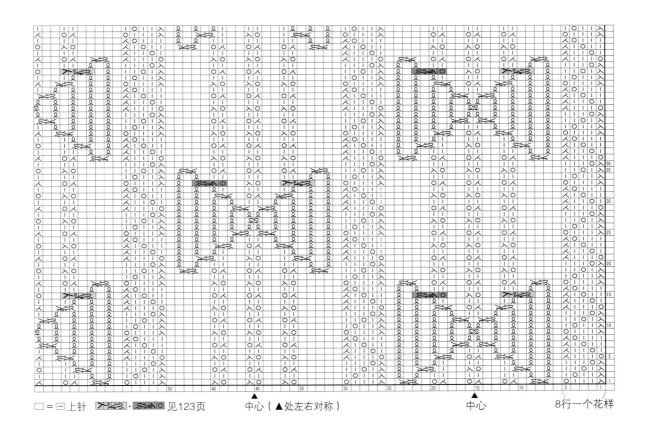

□ = □ 上针　　見123页　　中心（▲处左右对称）　　　中心　　　8行一个花样

镶嵌花样

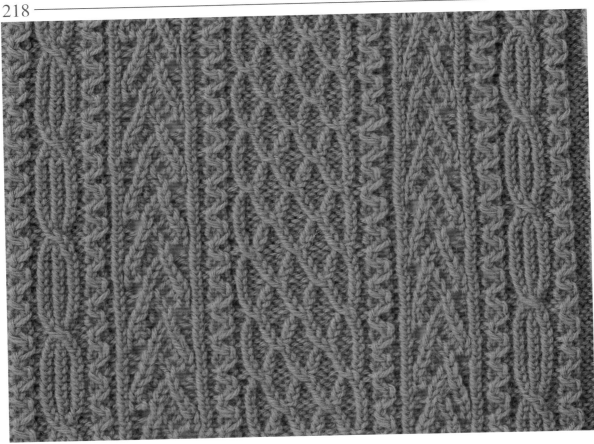

镶嵌花样

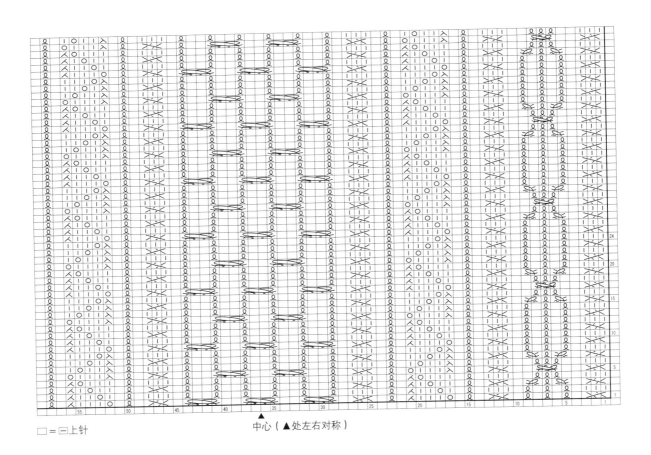

□ = □上针

中心（▲处左右对称）

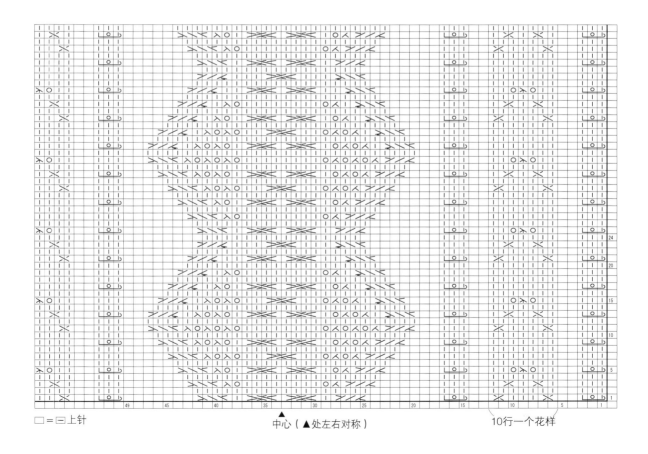

□ = ⊟ 上针

中心（▲处左右对称）

10行一个花样

镶嵌花样

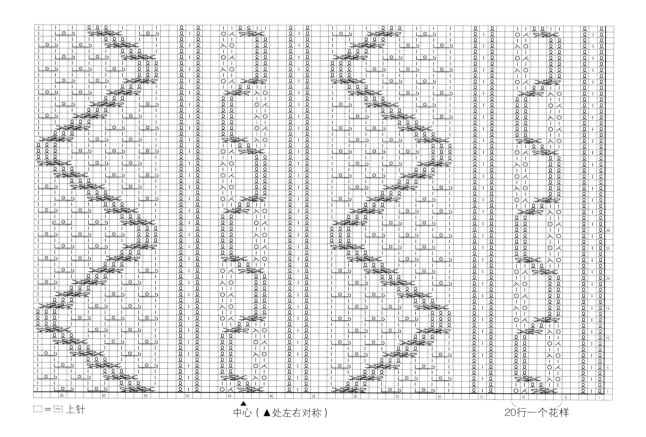

□=□ 上针　　　　　　　中心（▲处左右对称）　　　　　20行一个花样

镶嵌花样

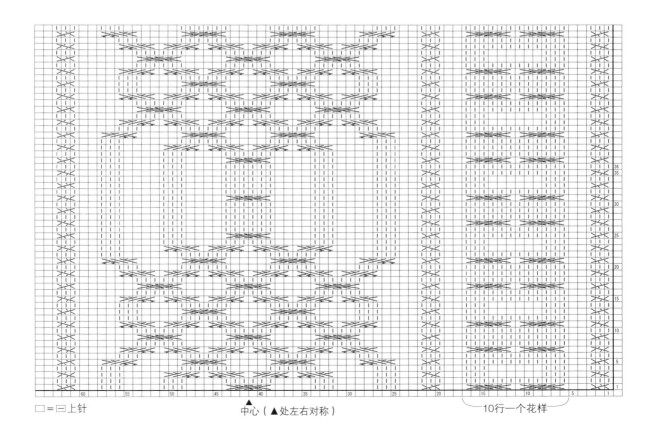

□ = □上针

中心（▲处左右对称）

10行一个花样

边饰图例

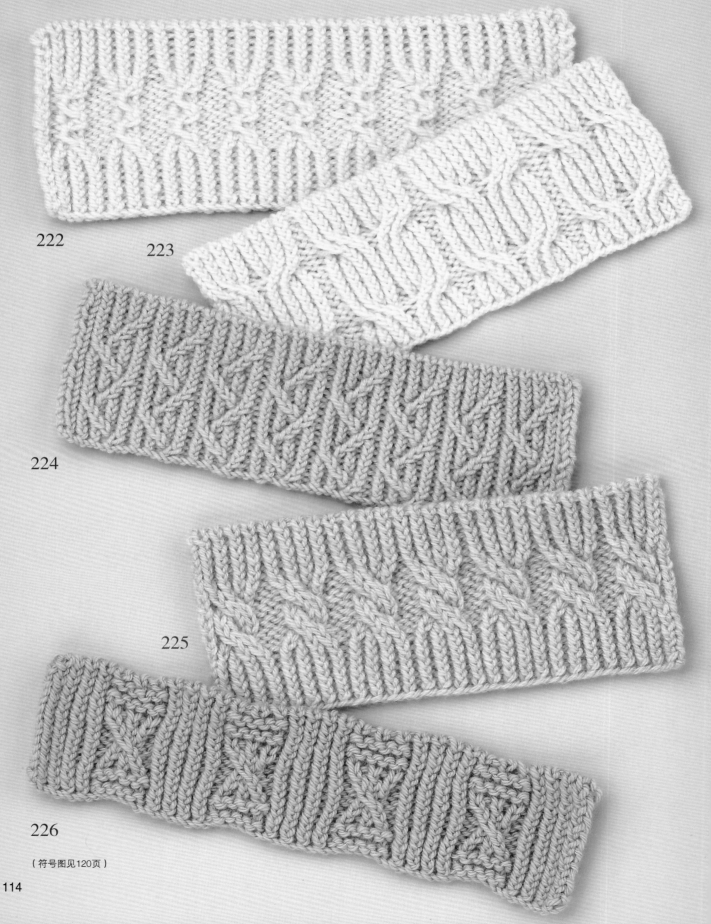

222

223

224

225

226

（符号图见120页）

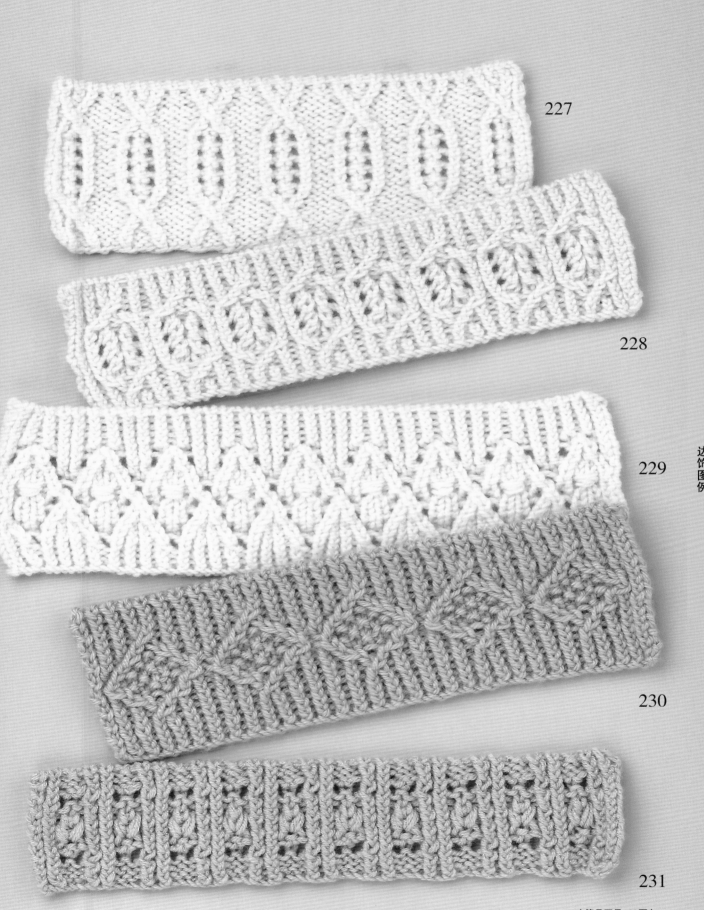

227

228

229

边饰图例

230

231

（符号图见120页）

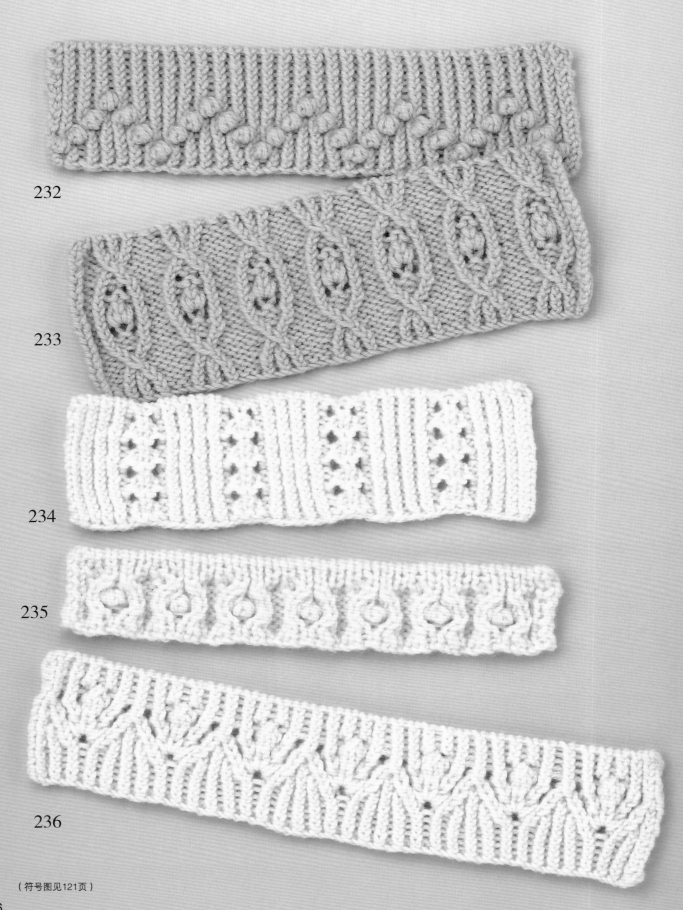

232

233

234

235

236

（符号图见121页）

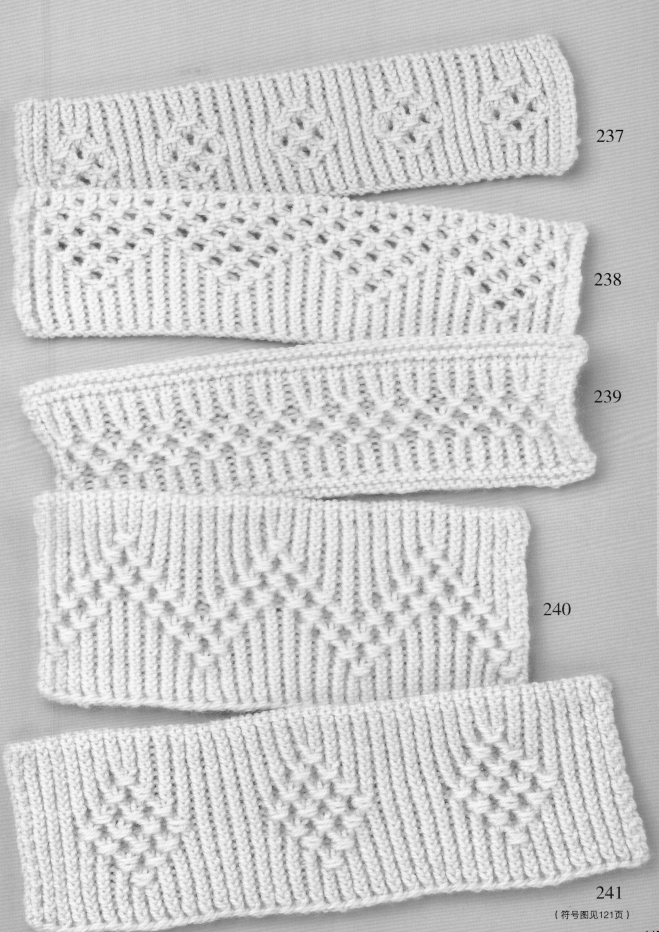

237

238

239

边饰图例

240

241

（符号图见121页）

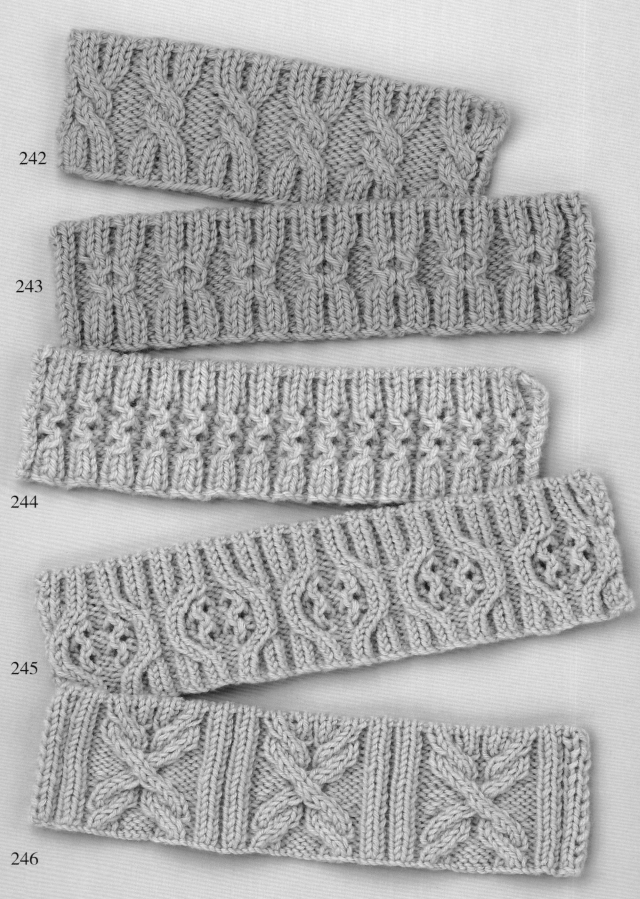

242

243

244

245

246

247

248

249

250

（符号图见122页）

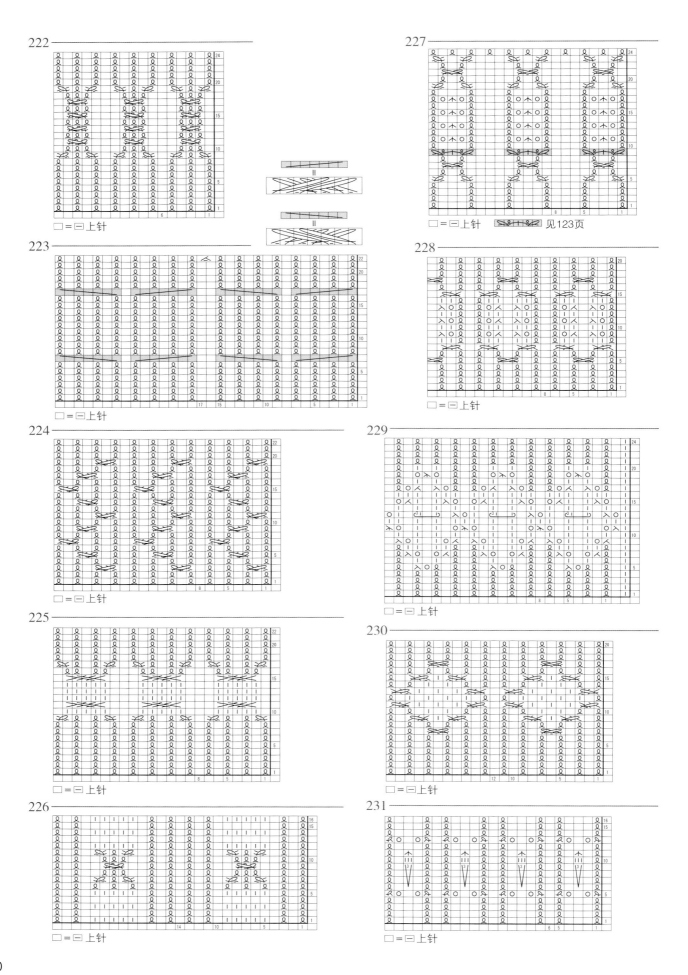

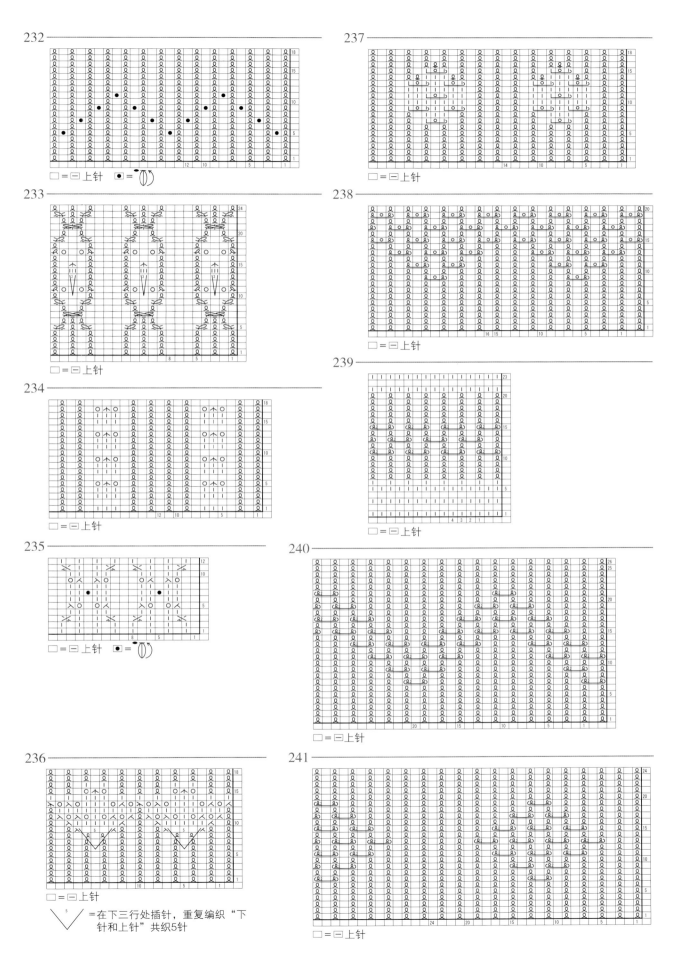

232

□=□上针　●=⌒⌒

233

□=□上针

234

□=□上针

235

□=□上针　●=⌒⌒

236

□=□上针

∨ =在下三行处插针，重复编织"下
　针和上针"共织5针

237

□=□上针

238

□=□上针

239

□=□上针

240

□=□上针

241

□=□上针

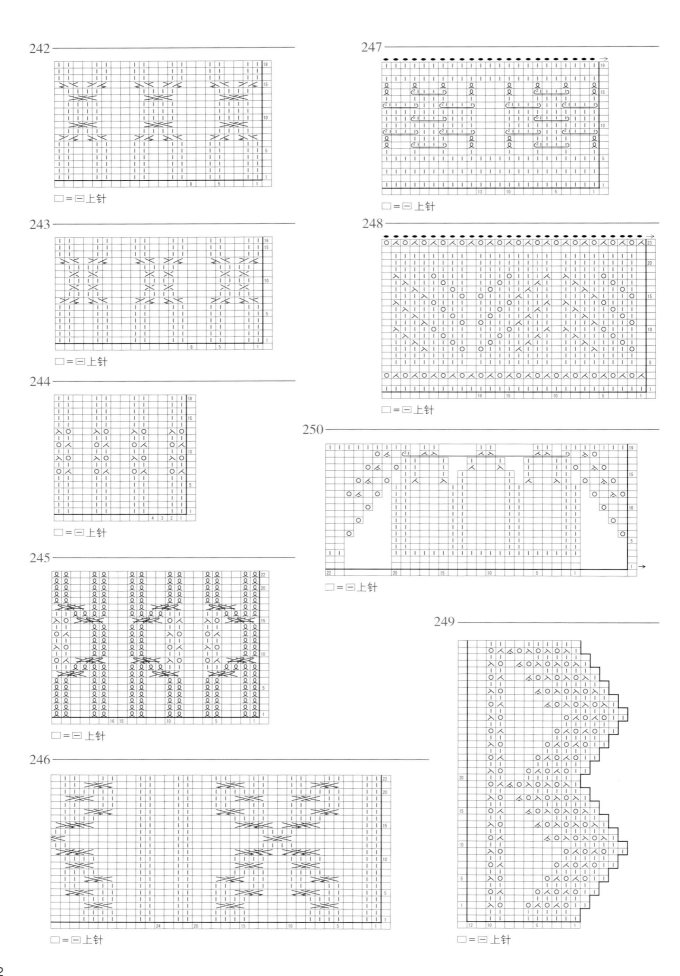

242

□ = ⊟ 上针

243

□ = ⊟ 上针

244

□ = ⊟ 上针

245

□ = ⊟ 上针

246

□ = ⊟ 上针

247

□ = ⊟ 上针

248

□ = ⊟ 上针

250

□ = ⊟ 上针

249

□ = ⊟ 上针

编织针法符号详解

003、054、068、227

= 将第一针移至麻花针，放至背面；第二针织扭针、加针；第三针不编织移至右棒针；第四针移至另一麻花针，放至面前；第五针织下针，将刚才移至麻花针上的第一针和移至右棒针的第三针盖住织过的针，然后织中上并三针，加针；第四针织扭针。

023

= 一针放三针时，分别织两次卷针，两次加针，两次卷针；将下一行中的卷针松开，三针滑针。

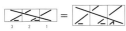

= 将上排中的三针滑针移至麻花针、放至前面，第二、三针织上针，移至麻花针上的三针织右上三针并一针。

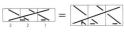

= 将第一、二针移至麻花针、放至背面；上排中的三针滑针编织左上三针并一针，移至麻花针上的两针织上针。

071、077、120、133、134、163、164、194、208

= 将第一针移至麻花针、放至背面；第二至第四针穿过左针打结，第一针织上针后再编织下针交叉。

= 将第一至第三针移至麻花针、放至前面；第四针先编织上针再编织下针；最后将前三针穿过左针打结交叉。

093

= 将第一针移至麻花针、放至背面；第二针先织扭针再加针；再将第三针和麻花针上的第一针织右上两针并一针。

= 将第一针移至右棒针，第二针移至麻花针、放至面前；再将第一针移回左棒针，和第三针织左上两针并一针、加针；第二针织扭针。

117

= 将第一针移至麻花针、放至背面；将第二至第四针移至麻花针、放至面前；第五针织上针，麻花针上的第二至第四针穿过左针打结，第一针扭针。

= 将第一针移至麻花针、放至背面；将第二至第四针移至麻花针、放至面前；第五针织扭针，麻花针上的第二至第四针织下针，第一针织上针。

119、207

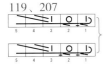

= 将第一、二针移至麻花针、放至背面；第三至第五针穿过左针打结；移至麻花针上的两针依次织上针、下针和两针上针。

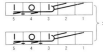

= 将第一至第三针移至麻花针、放至前面；第四针织下针，第五针织上针，后织两针上针；最后将移至麻花针上的三针穿过左针打结。

120、194

= 将第一至第三针移至麻花针、放至背面；第四至第六针穿过左针打结；最后将移至麻花针上的三针织上针。

= 将第一至第三针移至麻花针、放至前面；第四至第六针织上针；最后将移至麻花针上的三针穿过左针打结。

133、134

= 将第一针移至右棒针；第二至第四针移至麻花针、放至面前，加针；第五针织下针，盖住移至右棒针的第一针后编织右上二针并一针；第二至第四针穿过左针打结。

= 将第一针移至麻花针、放至背面；第二至第四针穿过左针打结；再将第一针返回左棒针，和第五针织左上两针并一针和加针。

165、191

= 将第一针移至右棒针，第二、三针移至麻花针、放至前面；将第一针移回左棒针后同第四针织左上两针并一针、加针；移至麻花针上的第二、三针依次织上针和扭针。

= 将第一针移至麻花针、放至背面；第三、四针依次织下针、扭针和加针；移至麻花针上的第一针和第四针织右上两针并一针。

182

= 将第一、第二针移至麻花针、放至背面；第三、第四针织下针；后将移至麻花针上的两针织左上两针并一针和加针。

189

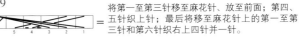

= 将第一至第三针移至麻花针、放至前面；第四、五针织上针；最后将移至麻花针上的第一至第三针和第六针织右上四针并一针。

= 将第一针移至右棒针；第二、三针移至麻花针、放至背面；将第一针移回左棒针后和第四至第六针左上四针并一针；最后将移至麻花针上的第二针和第三针织上针。

202

= 将第一、二针移至麻花针、放至前面，加针；第三、四针织左上两针并一针，麻花针上的第一、二针织左上两针并一针、加针。

210、217

= 将第一、二针移至麻花针、放至背面；第三针织扭针；麻花针上的第一针织上针，第二针移回左棒针后与第四针织左上两针并一针，加针。

= 加针，将第一针移至右棒针；第二针移向麻花针、放至前面；第三针织下针后盖过第一针织左上两针并一针；第四针织上针；最后将麻花针上的第二针织扭针。

217

= 将第一、二针移至麻花针、放至背面；第三针织扭针，麻花针上的第一针织上针、加针；第四针织下针后盖过第二针织右上两针并一针。

215

= 将第一、二针移至麻花针、放至背面；第三、四针织左上交叉针；第五、六针织右上交差针；移至麻花针上的第一、二针依次织上针和下针。

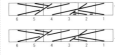

= 将第一、二针移至麻花针、放至背面；第三、四针织右上交差针；第五、六针织左上交叉针；移至麻花针上的第一、二针依次织上针和下针。

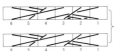

= 将第一至第四针移至麻花针、放至前面；第五、六针依次织上针和下针；移向麻花针上的第一、二针织左上交叉针，第三、四针织右上交叉针。

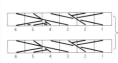

= 将第一至第四针移至麻花针、放至前面；第五、六针依次织上针和下针；移向麻花针上的第一、二针织右上交叉针，第三、四针织左上交叉针。

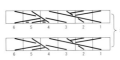

= 将第一、二针移至麻花针、放至前面；第三、四针及麻花针上的第一、二针都织左上交叉针。

= 将第一、二针移至麻花针、放至背面；第三、四针及麻花针上的第一、二针都织右上交叉针。

= 将第一、二针移至麻花针、放至前面；第三针织上针；移至麻花针上的第一、二针织右上交叉针。

= 将第一、二针移至麻花针、放至前面；第三针织上针；移至麻花针上的第一、二针织左上交叉针。

= 将第一针移至麻花针、放至背面；第二、三针织左上交叉针；移至麻花针上的第一针织上针。

= 将第一针移至麻花针、放至背面；第二、三针织右上交叉针；移至麻花针上的第一针织上针。

🖉 扭针右上二针并一针

1 按箭头方向所示，将右棒针插入左棒针第一针，不编织移至右棒针上。

2 将右棒针插入左棒针的第一针，右针挂线，织下针。

3 左棒针插入移至右棒针的一针，如箭头所示，盖过编织的下针。

4 扭针右上二针并一针完成。

🖉 扭针左上二针并一针

   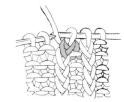

1 将右棒针上两针不编织移至右棒针，如图所示，将左棒针从左边一针处插入、扭转返回左棒针。

2 右边一针不编织移回左棒针，右棒针再次按照箭头所示方向插入并扭转。

3 将右针挂线后两针一齐织下针。

4 扭针左上二针并一针完成。

🖉 扭针右上三针并一针

1 按箭头方向所示，左棒针上右边一针不编织，移至右棒针。

2 如图所示，将右棒针插入左棒针两针中并一起织下针。

3 左棒针插入步骤1移至右棒针的一针，盖过已编织的针后拉出。

4 扭针右上三针并一针完成。

🖉 扭针左上三针并一针

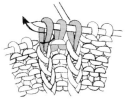  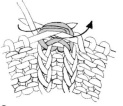 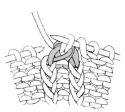

1 先将三针不编织一起移至右棒针。再将左棒针按箭头方向插入左边第一针并扭转，将其返回左棒针。

2 剩下两针原样归至左棒针，如图所示，右棒针从左边一针处插入移回左棒针的三针内。

3 右棒针挂线后织三针并一针编下针。

4 扭针左上三针并一针完成。

🖉 扭针和一跳针的右上交叉

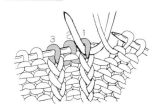 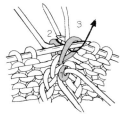  

1 将第一针移至面前的麻花针上，将第二针移至背面的麻花针上。

2 第三针织扭针。

3 第二针织上针，第一针按箭头方向插入棒针并编织扭针。

4 扭针和一跳针的右上交叉完成。

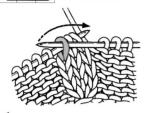 **穿过左针打结**

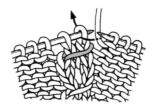

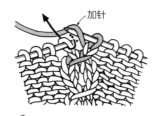

加针

1 先将右棒针插入左棒针第三针内，后按箭头指示方向，挑起盖在右边的两针上。

2 将右棒针插入最右边一针（如图所示）织下针。

3 挂针（加针）后将右棒针插入下一针处（如图所示）织下针。

4 穿过左针打结完成。

 **穿过左针打结和右上两针并一针**

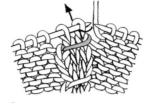

加针

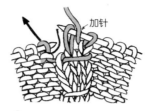

1 先将右棒针插入左边第三针内，后按箭头指示方向挑起，盖过右边的两针。

2 如图所示，将右棒针插入右边第一针织下针。

3 挂针（加针）后将紧挨着的下一针不编织移至右棒针，下一针织下针。

4 将上步骤3中移至右棒针的一针盖过已编织的针上，穿过左针打结和右上两针并一针完成。

 **穿过左针打结和左上两针并一针**

加针

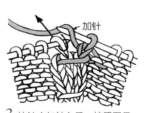

1 将左棒针上右边一针不编织移至右棒针，再按照箭头所示，将第三针挑起盖过第二针。

2 将步骤1中移至右棒针上的一针返回左棒针，后将右棒针按照图示方向插入后两针一并织下针。

3 挂针（加针）后，按照图示将右棒针插入后编织下针。

4 穿过左针打结和左上两针并一针完成。

 **穿过右针打结和右上两针并一针**

加针

1 先将右棒针上的毛线放至织片后，将左棒针上三针不编织移向右棒针，后如图所示将右边第一针挑起盖过左边的两针。

2 再将左边的两针返回左棒针，按箭头指示方向将右棒针插入右边一针编织下针。

3 挂针（加针）后，第三针不编织移至右棒针，下一针织下针。

4 最后将步骤3不编织移向右棒针的盖过编织过的针，穿过右针打结和右上两针并一针完成。

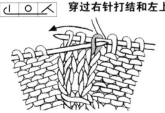 **穿过右针打结和左上两针并一针**

加针

1 先将面前的一针和打结的第一针改变方向（换至棒针的对面），然后连同后面的两针（共计四针）不编织移至右棒针上，再将第一针盖过左边的两针。

2 将移至右棒针上的针返回左棒针，如箭头所示插针后将两针一并织下针。

3 挂针（加针）后如图所示插入棒针再后织下针。

4 穿过右针打结和左上两针并一针完成。

编织针法符号详解

两针中长针的玉编（泡泡针）

 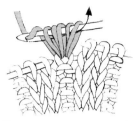 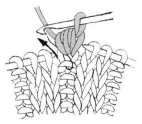 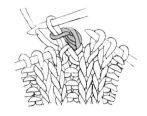

1 如图所示，用钩针将毛线抽出，挂针（加针）后在同一针处插入右棒针。

2 先挂针（加针）后抽出，重复操作两遍之后将钩针从所有的针中引拔出。

3 将钩织的玉编放至织片前面，按照箭头方向将钩针从背面插入上排处。

4 挂针（加针）抽出后移向右棒针，两针中长针的玉编完成。

三针长针的玉编（泡泡针）

  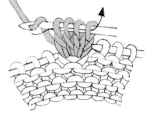 

1 先用钩针织两针锁针，后挂针（加针）并如图所示将钩针插入同一针中。

2 挂针（加针）后抽出，钩出未完成（不完全）的长针。

3 在同一针中再钩织两个未完成的长针后将线一齐引拔出（如图所示）。

4 将编出的玉编放至织片前面，按照箭头方向将钩针从前排的背面插入后抽出，三针长针的玉编完成。

四针锁针的玉编（泡泡针）

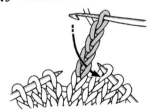 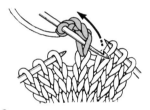 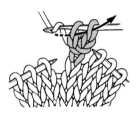 

1 先用钩针织出四针锁针，再按箭头方向将钩针从面前插入第一针处。

2 如图所示，将钩针插入后扭转钩针方向。

3 挂针（加针）后将针引拔出。

4 将钩针上织出的针一齐移向右棒针，四针锁针的玉编完成。

下三行的泡泡针

  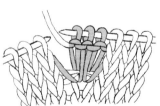 

1 在●针处往下数三行，在×处按箭头方向插入右棒针。

2 挂线（加针）后轻轻抽出再挂线，同样再抽出。

3 在下一行将一行挂线的三针织上针。

4 在○的一行上织中上三针并一针，下三行的泡泡针完成。

两卷针的褶针

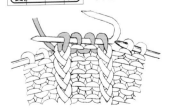   

1 将四针织出后移至麻花针上。

2 按照箭头指示方向缠绕织出的四针。

3 先按顺时针方向缠绕，后按逆时针方向缠绕，共缠绕两次。

4 将麻花针上织好的针移至右棒针，两卷针的褶针完成。

 **三扭针和一上针的右上交叉**

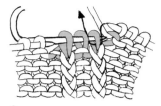 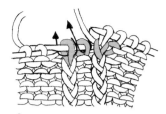

1 先将第一至第三针的线圈移至麻花针上，放至织片前面。按箭头所示方向，将右棒针插入左侧第四针织上针。

2 把右棒针按箭头指示方向插入麻花针上第一针，织扭针。

3 继续编织上针、扭针。三扭针和一上针的右上交叉完成。

拉针（下针）

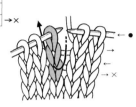 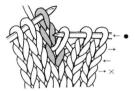 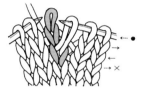 

1 在●行操作。如图所示，在往下数2行的×处插入右棒针。

2 在右棒针上挂线并抽出。

3 将左棒针的最右一针放开。

4 拉针完成。

拉针（上针）

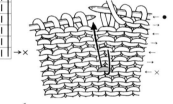 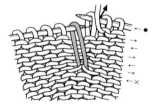 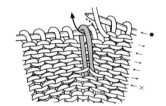 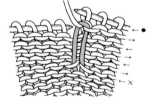

1 在●行背面操作。不编织移至右棒针。如图所示，将左棒针插入×处。

2 上拉左棒针，按箭头指示方向，将移至右棒针上的最后一针退回左棒针。

3 将上步骤退回的一针和拉出的一针一齐编织上针。

4 拉针完成。使用其正面。

左上二针并一针（上针）

 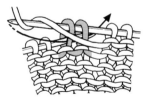 

1 如箭头方向所示，将右棒针插入左棒针第一、二针。

2 如图所示，在右棒针绕线并拉出线圈。

3 从正面看，左上二针并一针完成。

右上二针并一针（上针）

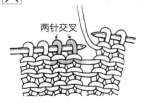 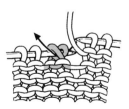 

1 将左棒针上最右侧两针交叉。

2 如图所示，将两针一齐织上针。

3 从正面看，右上二针并一针完成。

COUTURE KNIT MOYOU AMI 250
Copyright © NIHON VOGUE-SHA 2008
All rights reserved.
Photographers:HIDETOSHI MAKT,HITOMI TAKAHASHI
Original Japanese edition published in Japan by NIHON VOGUE CO.,LTD.,
Simplified Chinese translation rights arranged with BEIJING BAOKU INTERNATIONAL
CULTURAL DEVELOPMENT Co.,Ltd.

版权所有，翻印必究
著作权合同登记号：图字16—2012—032

图书在版编目(CIP)数据

志田瞳经典编织花样250例 ／（日）志田瞳著；王翾谖译.—
郑州：河南科学技术出版社，2012.10（2021.7重印）
　ISBN 978-7-5349-5989-9

　Ⅰ.①志… Ⅱ.①志…②王… Ⅲ.①毛衣-编织-图集
Ⅳ.①TS941.763-64

　中国版本图书馆CIP数据核字（2012）第205781号

出版发行：河南科学技术出版社
　　　　　地址：郑州市郑东新区祥盛街27号　　邮编：450016
　　　　　电话：（0371）65737028　65788613
　　　　　网址：www.hnstp.cn
策划编辑：刘　欣
责任编辑：刘　欣
责任校对：刘　瑞
封面设计：张　伟
责任印制：张艳芳
印　　刷：河南瑞之光印刷股份有限公司
经　　销：全国新华书店
幅面尺寸：213 mm×286 mm　　印张：8　　字数：100千字
版　　次：2012年10月第1版　2021年7月第10次印刷
定　　价：49.00元

如发现印、装质量问题，影响阅读，请与出版社联系。